U0149390

国家科学思想库

科学文化系列

"十四五"时期国家重点出版物出版专项规划项目

化学的魅力

谭蔚泓/主编

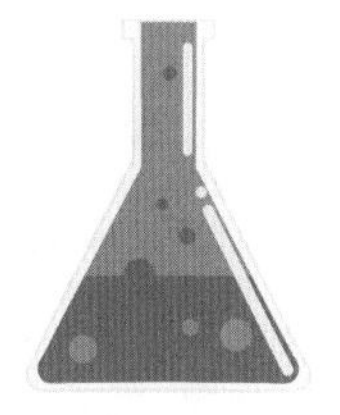

科学出版社

北 京

内 容 简 介

本书是由中国科学院谭蔚泓院士组织编写的一本化学类科普读物。化学作为最重要的基础科学之一，人们对它始终有很多疑问和误解。作者按照化学发现、化学创造、化学应用这一脉络，通过通俗的语言和丰富的案例带领广大读者去领略属于化学学科特殊的美，最后重点落脚在化学与健康的关系，为读者打开一个看待化学学科的全新视角。

本书对青少年以及更广大的化学学科的爱好者都是很好的入门读物。

图书在版编目（CIP）数据

化学的魅力/谭蔚泓主编. —北京：科学出版社，2022.10
ISBN 978-7-03-070658-4

Ⅰ. ①化…　Ⅱ. ①谭…　Ⅲ. ①化学–普及读物　Ⅳ. ①O6-49

中国版本图书馆 CIP 数据核字（2021）第 232991 号

责任编辑：李　欣　李丽娇 / 责任校对：彭珍珍
责任印制：霍　兵 / 封面设计：有道文化

科学出版社 出版
北京东黄城根北街 16 号
邮政编码：100717
http://www.sciencep.com
北京九天鸿程印刷有限责任公司 印刷
科学出版社发行　各地新华书店经销
*
2022 年 10 月第　一　版　开本：720×1000　1/16
2024 年　2 月第三次印刷　印张：6　3/4
字数：100 000

定价：49.00 元

（如有印装质量问题，我社负责调换）

本 书 作 者

主　编　谭蔚泓（中国科学院基础医学与肿瘤研究所，湖南大学）

副主编　渠凤丽（中国科学院基础医学与肿瘤研究所）

易娅莎（湖南大学）

参　编　袁　荃（湖南大学）

刘　松（湖南大学）

崔　承（湖南大学）

韩　达（上海交通大学）

杨　洋（上海交通大学）

刘湘圣（中国科学院基础医学与肿瘤研究所）

“科学走近公众——院士科普丛书”

序

站在新时代的起点上，习近平总书记提出：“中国要强盛、要复兴，就一定要大力发展科学技术，努力成为世界主要科学中心和创新高地。”“科技创新、科学普及是实现创新发展的两翼，要把科学普及放在与科技创新同等重要的位置。”以1999年“2049计划”制定实施为标志，中国在全社会范围内大力弘扬科学精神，宣传科学思想，推广科学方法，普及科学知识，将大众科普与公民科学素质紧密结合。2018年，第十次中国公民科学素质抽样调查结果显示，中国公民的科学素质水平快速提升。2018年中国公民具备科学素质的比例达到8.47%，比2015年的6.20%提高2.27个百分点。各地区公民科学素质水平大幅提升，其中，上海、北京公民具备科学素质的比例超过20%，天津、江苏、浙江和广东超过10%，互联网对公民科学素质水平的提升发挥着越来越重要的作用，中国公民每天通过互联网及移动互联网获取科技信息的比例高达64.6%，科学技术职业在中国公民心目中声望较高，科学家、教师、医生和工程师的职业声望与职业期望名列前茅。

人是科技创新最关键的因素。公民科学素质建设是国家创新体系的重要组成部分，是基础性、战略性任务。1975年，本杰明·申（B. Shen）提出了三类不同性质的科学素质，即实用科学素质（practical scientific literacy）、公民科学素质（civic scientific literacy）和文化科学素质（cultural scientific literacy）。20世纪90年代初，与世界先进国家相比，中国的公民科学素质建设存在较大差距。公民科学素质水平低下成为制约经济发展的重要瓶颈。借鉴美国"2061计划"等发达国家公民科学素质建设的经验和做法，中国科学技术协会于1999年11月向中共中央、国务院提出了关于实施"全民科学素质行动计划"的建议，提出了立足我国基本国情、面向全体公民科学素质提高的"2049计划"。计划的目标是到2049年使18岁以上全体公民达到基本的科学素质标准，使全体公民了解必要的科学知识，掌握基本的科学方法，崇尚科学精神，学会用科学态度和科学方法判断处理社会事务。经过二十多年的努力，中国公民科学素质快速进步，但仍然与发达国家存在着差距，存在内部地区之间、城乡之间以及群体之间发展不平衡等问题。同时，我们还要重点关注和反思互联网对科普信息的传播特点。互联网加快了科普知识的传播速度，扩展了传播范围，增加了传播个性，但也要充分认识到，缺乏了科学精神的引领，缺乏了科学伦理的规范，缺乏对科学知识的系统化学习，互联网型科普传播将加重社会大众对科学技术认知的“扁平化、狭隘化”，阻碍公民科学素质的根本性提升。

因此，加强科学基础知识的推广成为进一步提升我国公民科学素质的关键性指标。出版科普书籍是弘扬科学精神、传播科学知识、推广科学方法的重要途径，是增强理性与质疑精神，提升智慧与思辨能力，助推思想观念变革不可替代的精神能量。改革开放四十年，一大批科学科普类好书不断涌现，这些书籍传播了先进文化，普及了科学知识，提升了公民科学素养。2019年，由大众投票与专家推荐相结合，出版界评选出了“40年中国最具影响力的40本科学科普书”，其中,《华罗庚科普著作选集》受到了公众的广泛好评。华罗庚、钱学森、竺可桢等老一辈科学家不仅在专业领域发表学术论文、撰写学术著作，而且善于用通俗易懂的文笔，将深奥晦涩的科学理论深入浅出地介绍给社会公众，为全社会掀起“科学热潮”作出了突出贡献。经过长期努力，中国特色社会主义进入新时代，我国社会主要矛盾已经转化为人民日益增长的美好生活需要和不平衡不充分的发展之间的矛盾。公民科学素质是决定人的思维方式、行为方式、生活方式的主要因素，是人民过上美好生活、提升生活品质的重要前提。当前，科学技术的发展日新月异，涌现了许多新知识、新方法，尤其是我国科学家近年来取得了很多新成果。因此，非常有必要组织一套新的科普丛书，通俗介绍各个学科的基础知识、发展历史与现状，展现中国科学家为学科发展作出的贡献。中国科学院院士群体在社会上具有广泛知名度、在学术上拥有高端权威性，发挥他们在科普中的独特作用必将取得良好的社会效果。本丛书由中国科学院科学普及与教育工作委员会和学部工作局组织，充分调动各领域热心科普工作的院士们的积极参与，精心组织各学科的优秀稿源。

习近平总书记提出，好奇心是人的天性，对科学兴趣的引导和培养要从娃娃抓起。本丛书以提升全民科学素质、引导广大青少年热爱科学为目的，介绍各个基础学科领域的知识。从中学生与社会大众的视角出发，对基础科学知识、学科发展、科技前沿等进行通俗讲解与描述，强化青年人学科学、爱科学、用科学的兴趣，培养他们的科学精神，激发他们探索科学奥秘的热情。从内容上力争浅显易懂，打造成社会大众都能读懂的系列科普书。

“崭新学术骋神奇……多方科技展新知，竿头日进复奚疑！”科技兴则民族兴，科技强则国家强。从新中国成立至今，中国正在从世界先进科技的“跟跑者”变为“同行者”，未来一定要成为全球尖端科技的“领跑者”！

面对创新使命，我们奋斗不息！

白春礼

2020 年 11 月 12 日

前言

化学是关于分子的科学，也是最重要的基础科学之一。大到人类发展的每一步，小到日常生活的每一天，都与化学息息相关。化学也被称为中心科学（the central science），它与物理、生物、医学、材料等学科相互渗透，是众多学科之间联系的桥梁。随着科学的发展，化学又衍生出许多新的分支，并且科学越发展，其中心地位就越突出。一百多年来，诺贝尔化学奖多次授予所谓的“非正统化学”研究领域内的学者，人们因此将其戏称为“诺贝尔理综奖”。而这些研究领域，其实都属于广义上的“化学”领域。

为纪念化学学科所取得的成就和对人类社会所做出的贡献，联合国决议将2011年定为“国际化学年”，主题为“化学——我们的生活，我们的未来”。2011年3月，Science期刊上刊登社论——《鼓舞人心的化学》（*Inspirational Chemistry*）一文，文中提到“化学是解决当今包括能源问题、疾病治疗新方法在内的大多数棘手问题的原动力”，结尾更是强调“运用基础研究的力量解决那些让人望而生畏的挑战，让本世纪成为化学的世纪”。化学的重要性不言而喻，可为什么在与非科研工作者谈论化学时，我们常常听到的大多是担忧与误解，难以感受到人们对它的关注、赞叹与欣赏呢？

中国美学史上最负盛名的美学大师之一朱光潜在《谈美》一书的开篇中讲述了一个小故事，写到不同的人对待园中一棵古松的三种态度：木商只看见木料值钱，植物学家只关注常青的显花植物，而画家则是在感受古松的苍翠挺拔。美学家告诉我们，拥有审美的眼睛才能看到美。因此，请允许我邀请你跟随化学家的目光去深入探索与理解化学之美，它有色彩缤纷、电光石火的瞬间，那是表象的美；它有形式简洁、逻辑严谨的理论，那是内在的美；更为重要的是，化学家们直面这缤纷多彩的现实世界，不断深入地理解、探索各种物质的属性，不断准确地分析、调控物质之间的变化，不断精心地设计、创造全新的物质形态。化学带我们了解过去、把握现在，并创造未来的无限可能，在人类历史上留下了不朽的物质与精神之美。

我们只需要带上一双发现美的眼睛，就会通过化学重新认知万物的惊奇与美妙。化学会带领我们走进一段高级的审美之旅，让我们在物质层面有接触、在现实层面有观察、在科学层面有思考、在精神层面有感悟。子曰：“知之者不如好之者，好之者不如乐之者。”让人们感受到化学的魅力，是每一个化学家义不容辞的责任。愿这份热爱，能够引领更多人走入化学的大门，感受化学之美。

目录

第一章

发现化学之美

我们很多人提到化学，首先就会想到实验室中形态各异的瓶瓶罐罐、五颜六色的试剂溶液，或者是复杂奇特的分子结构与化学方程式，但这些远不是化学的全部。化学这门学科从远古开始萌芽，当人类开始利用火烹调食物、烧制陶器、冶炼金属时，实际上就已经开始了对化学工艺的摸索。化学学科前进的每一步都与实践紧密相关，化学的最大特点是以实验为基础。

第一节　最美的化学实验

据传，一百多年前，德国数学家高斯（Johann Carl Friedrich Gauß，1777—1855）和意大利化学家阿梅代奥·阿伏伽德罗（Amedeo Avogadro，1776—1856）进行过一场激烈的辩论，核心就是化学究竟是不是一门真正的科学。阿伏伽德罗在高斯面前把 2L（L 是升的符号）的氢气放在 1L 的氧气中燃烧，得到了 2L 水蒸气。他喊道："请看吧！只要化学愿意，它就能使 2+1=2。”化学实验具备独特的美感，这将是我们开启化学寻美之旅的第一站。

一、氧气的发现——近代化学的起点

无论是希腊神话中盗取火种的普罗米修斯，还是中国神话中钻木取火的燧人氏，人类自古以来就在探索着燃烧的奥秘。随着对燃烧现象的不断深入研究，欧洲人在 17 世纪提出了“燃素学说”。这一理论认为：一切可燃物体里存在一种基本元素——燃素，易燃的油脂、木材、炭等燃料里含得特别多。当这些物质燃烧时，燃素会被释放进入空气中，或者与其他物质化合生成燃烧的产物，如灰渣。由于燃素学说禁锢了当时化学家们的思想，阻碍了他们对空气组成和燃烧机制的深入研究，所以在这个阶段，虽然瑞典化学家卡尔·威尔海姆·舍勒（Carl Wilhelm Scheele，1742—1786）和英国化学家约瑟夫·普里斯特利（Joseph Priestley，1733—1804）分别制取了纯净的氧气，但是他们并没有成功地将其鉴定出来。一直到法国化学家安托万·拉瓦锡（Antoine Lavoisier，1743—1794）才掀开了氧气的神秘面纱。

拉瓦锡对燃素学说一直心存怀疑，并持续研究多种物质在空气中燃烧的现象。终于，他在实验中通过加热粉红色的氧化汞，得到了银白色的金属汞和一种未知的气体。这种气体与空气相似，可以支持呼吸与燃烧，并且效果比空气好得多。根据这个实验结果，拉瓦锡在 1777 年提出了氧化学说，认为燃烧是物质与氧气发生化学反应的结果，氧气（oxygen）的命名也由他在 1779 年完成。

现在我们可以更准确地定义燃烧：燃烧是可燃物质与氧化剂（如氧气）发生氧化还原反应，将化学能快速释放成热能和辐射能的过程。拉瓦锡不但在氧化学说的建立上做出了突出贡献，还把定量作为一个衡量尺度，坚持用实验证明化学现象。他提出了规范的化学命名法，帮助建立和推广公制，并撰写了第一部真正现代化的化学教科书《化学基本教程》（*Traité Élémentaire de Chimie*），因此，拉瓦锡被认为是“近代化学之父”（图 1.1）。

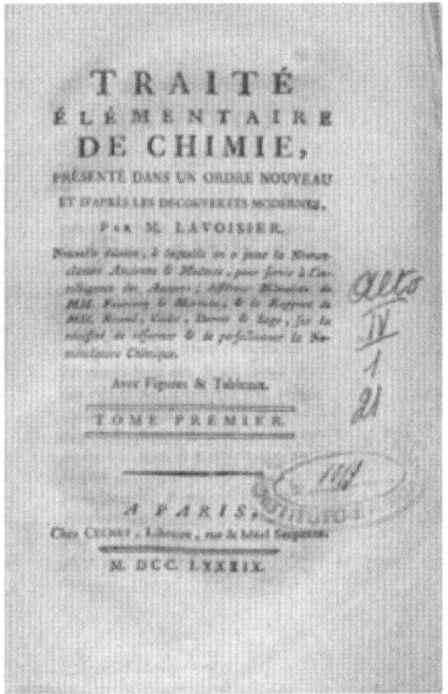

TRAITÉ
ÉLÉMENTAIRE
DE CHIMIE,
PRÉSENTÉ DANS UN ORDRE NOUVEAU
ET D'APRÈS LES DÉCOUVERTES MODERNES;
PAR M. LAVOISIER.

Avec Figures & Tableaux.

TOME PREMIER.

A PARIS,

M. DCC. LXXXIX.

图 1.1　法国化学家安托万·拉瓦锡和他撰写的《化学基本教程》

二、巴斯德与葡萄酒钻石

2003 年，美国《化学与工程新闻》期刊邀请化学家与历史学家共同选出了史上最美的十大化学实验，近代化学之父拉瓦锡完成的金属氧化实验位列第二。第一名是 1848 年路易·巴斯德（Louis Pasteur，1822—1895）将酒石酸盐类进行光学异构物分离的实验。美国化学会评价巴斯德的实验“简洁优雅而又意义重大”。

那时候，人们发现储存葡萄酒的酒桶底部可以产生一种被称为酒石酸盐的晶体（也被称为葡萄酒钻石），它的溶液会在偏光镜中呈现旋光现象，而化学合成的另一种酒石酸盐（当时被称为葡萄酸）并没有旋光性。化学家通过分析对比，发现这两种物质的化学性质完全一样，唯一的区别是人工合成的酒石酸盐没有旋光性。巴斯德对此充满了好奇。1848 年，他通过显微镜观察没有旋光性的酒石酸盐时，发现这些物质能够被分为互为镜像的两种。于是他大胆推测，化学合成的酒石酸盐包含了两种物质：一种是右旋的酒石酸盐，另一种是具有相反旋光性的左旋的酒石酸盐。

巴斯德在显微镜下小心地用镊子对两种不同的晶体进行了分选，并分别配成溶液。果然，溶液分别呈现出左旋光性和右旋光性。但是当他把这两种溶液等量混合时，旋光性消失了。因此，巴斯德提出，这两种酒石酸盐的分子互为镜像，如同它们的晶体一样（图 1.2）。这

图 1.2　葡萄酒内产生的酒石酸盐和巴斯德分离的两种互为镜像的酒石酸盐示意图

个实验不但证实了旋光异构的存在，也为立体化学的建立和发展奠定了坚实的基础。

第二节　最美的化学结构

化学是创造新物质，并在分子、原子层面上研究物质的组成、结构、性质与变化规律的科学。简而言之，物质内部原子、分子的连接方式、空间排布和顺序就是物质的化学结构，洞悉化学结构也是研究物质化学性质和化学反应规律的基础之一。化学结构往往具有一种独特的形式美，它高度抽象和简练的形态极具装饰性。很多时候，化学结构所产生的独特几何美感也成为人类艺术创作的缪斯。而提到美丽的化学结构，首先就让人联想到形态各异的晶体。

一、晶体的秘密

美丽的晶体随处可见，“一颗永流传”的钻石是晶体（图 1.3），“疑是林花昨夜开”的雪花是晶体，家中烹饪必备的食盐、味精和白砂糖也是晶体。如果我们拿一些食盐和味精的颗粒来观察，就会发现它们有截然不同的形状。食盐的颗粒方方正正，味精的颗粒是细长的柱状。随意在网络上搜索“晶体”这个关键词，就能看到各种美不胜收的图片。它们如此绚烂多姿的奥秘究竟在哪里？

图 1.3　天然的钻石晶体和切割后的钻石

在很久以前，科学家们就在思考晶体的特征和基本结构。例如，法国晶体学家勒内·阿维（René Haüy，1743—1822）在对碳酸钙的晶体（方解石）进行大量观察之后提出了晶体的微观几何模型——晶胞学说，将晶体的规则外形归因于晶体内部的分子、原子呈现的一种规则排列。

无独有偶，19 世纪末，德国科学家威廉·伦琴（Wilhelm Röntgen，1845—1923）发现了 X 射线，之后德国科学家马克斯·冯·劳厄（Max von Laue，1879—1960）发现了晶体中的 X 射线衍射现象，都有力地证明了阿维预言的晶体微观结构。

我们现在把晶体内部原子排列的形式称为晶格（又称点阵），各种晶格结构可以被归纳为七大晶系，这些晶系与十四种空间晶格相对应。十四种空间晶格也称为布拉维晶格，是为了纪念法国科学家奥古斯特·布拉维（Auguste Bravais，1811—1863）在 1845 年推导得出的三维晶体中原子排布的所有 14 种点阵结构（图 1.4）。科学家们的观察和理论预言在晶体内部实现了完美的统一。

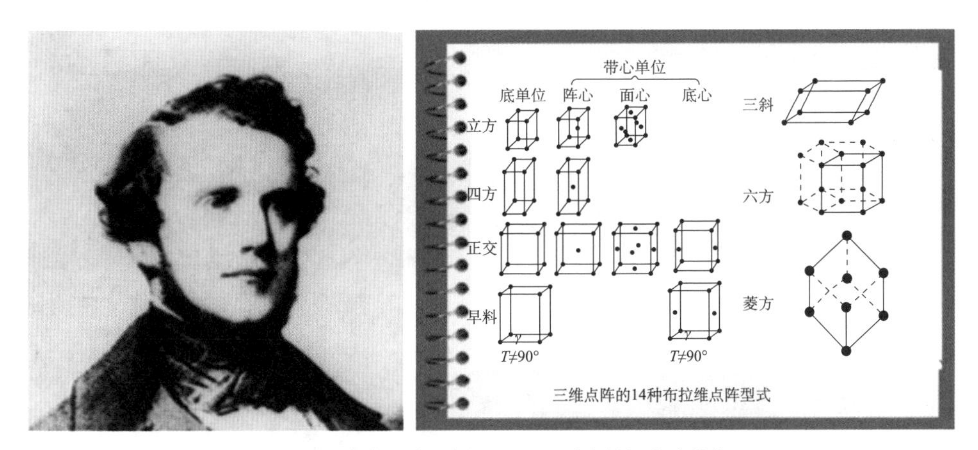

图 1.4　奥古斯特·布拉维和 14 种布拉维点阵结构

二、从晶体到 DNA 双螺旋结构

1912 年，英国科学家威廉·劳伦斯·布拉格（William Lawrence Bragg，1890—1971）开展了一系列的 X 射线衍射研究，并提出了布拉格定律。使用这个定律，可以测定晶体内部的点阵间隔，解析晶体的微观结构。由此，布拉格也提出了晶体的科学定义：“晶体是由原子或分子在空间按一定规律周期性地有规则排列而成的固体。”几十年后，他作为卡文迪许实验室的主任，支持两位后辈——弗朗西斯·克里克（Francis Crick，1916—2004）和詹姆斯·杜威·沃森（James Dewey Watson，1928—）开展解析脱氧核糖核酸（DNA）结构的研究（图 1.5）。他们通过使用晶体衍射等技术，在 1953 年成功地提出了 DNA 的双螺旋结构模型。

图 1.5　沃森和克里克与 DNA 双螺旋结构模型

众所周知，DNA 是一切生命体的基础，生命的密码通过 DNA 双螺旋结构复制和传递。DNA 的两条链相互交缠，以“核苷酸”为单位连接在一起，而核苷酸又由碱基、磷酸和糖构成，其中碱基有四种：腺嘌呤（A）、鸟嘌呤（G）、胞嘧啶（C）、胸腺嘧啶（T）。“A，G，C，T”这四个字母串起了 DNA 这一串双螺旋的项链，这一发现将人类对生命的理解推进到了分子层面，由此，人们得以用化学的理论和方法研究生命现象、生命过程中的化学基础和化学反应，去探寻生命无穷的奥秘。

第三节 最美的化学理论

化学源于实验，是一门实验科学。许多伟大的理论在学科的不断发展过程中被建立、证实或证伪并完善。如果提到最伟大的化学理论，那一定是化学元素周期律，它是化学研究领域的基础框架。联合国大会将2019年定为“国际化学元素周期表年”，以彰显化学元素周期表的重要性。联合国大会表示，“化学元素周期表是现代科学领域最重要和最具影响力的成果之一，它不仅反映了化学的本质，也反映了物理学、生物学和其他基础科学学科的本质。”

一、元素周期表的创造和发展

在大部分化学书的最后都会附有一张化学元素周期表，只要接触过化学的人，都熟悉这张表和它背后那个响亮的名字。现代的元素周期表最早由俄国化学家德米特里·伊万诺维奇·门捷列夫（Дми́трий Ива́нович Менделе́ев，1834—1907）在1869年发布（图1.6）。

其实在门捷列夫之前，英国化学家约翰·亚历山大·雷纳·纽兰兹（John Alexander Reina Newlands，1837—1898）就发现并研究了化学元素性质的周期性。1865年，他提出元素“八音律”的说法，发现化学元素的排列存在明显的周期性，如同音乐中的音阶。音阶是音乐术语，指的是按音高的次序向上或向下的一组音，音阶之美在于其规律性的变化，而化学元素也呈现出同样的多样统一之美。虽然他的想法在当时没有被广泛接受，但当化学元素周期体系正式确定后，这一发现的重要意义最终被世人认可。人们也常以此证明，科学与艺术从来都不是对立的两面。

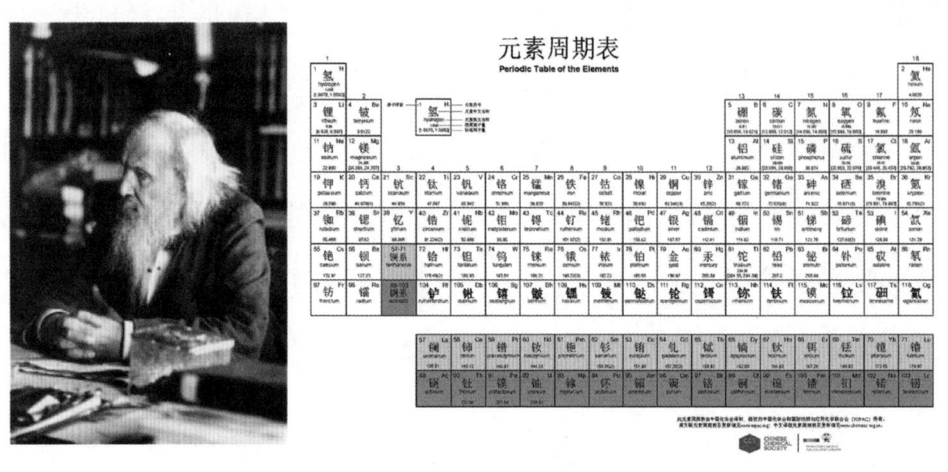

图 1.6　门捷列夫和化学元素周期表

元素周期表是根据原子序数、核外电子排布和化学性质的相似性来排列化学元素。最神奇的是，元素周期表及其蕴含的周期性趋势既可以用来分析不同元素之间的关系，也可以用来预测未发现或者新合成的元素的性质。门捷列夫的元素周期表成功预测了一些当时尚未被人类发现的元素及其性质。门捷列夫之所以能取得这一划时代的理论突破，在于他的两个大胆的推理。首先，他根据同族元素（同一列的元素被称为同族元素）具有相似性质这一特点，在周期表上留下了空位，并预测了它们的原子量和一些物理化学性质，令人叹为观止的是，这些元素在随后被陆续发现，如镓（Ga）和锗（Ge）。此外，他为了让同族元素具有相似的性质，并不拘泥于按照当时测定的元素原子量大小来排序元素，而是创造性地按照性质来进行元素的安放。例如，碘元素（I）的原子量比碲（Te）的小，理应排在碲的前面，但是门捷列夫认为碘和氯（Cl）、溴（Br）等其他卤族元素性质更相似，因此将碘排在碲的后面。门捷列夫不但参考了元素的原子量，还考察了其他性质（如热容量），修订了一些已经发现的元素的原子量，如建议将钍（Th）和铀（U）的原子量增大一倍。这些预言在后来均被科学家们陆续证实。

随着技术的发展，现代的元素周期表不但可以用来推断元素的性质，在其他化学领域乃至核物理学中也得到了广泛的应用。直至 2010 年，随着第 117 号元素被合成出来，自原子序数为 1 的元素氢（H）到原子序数为 118 的元素氮（Og）均已被发现或者成功合成，元素周期表的前七个周期已经被全部填满。

二、元素周期表背后的理论

最初的元素周期表都是按照元素的原子量来排序的，直到 1911 年英国物理学家欧内斯特·卢瑟福（Ernest Rutherford，1871—1937）完成了经典的卢瑟福散射实验，发现了原子核。在这个实验中，卢瑟福和他的助手们使用 α 粒子轰击一片薄金箔纸，发现 α 粒子可以被大角度散射，从而提出了著名的原子卢瑟福模型，即原子的中心有一个带正电、具有原子几乎全部质量的原子核，在原子核的周围是带有负电的质量极低的电子云。在这之后，科学家们最终发现元素原子核的电荷数（即原子核内的质子数量）与其在周期表中的排名相同。

1913 年，英国化学家亨利·莫塞莱（Henry Moseley，1887—1915）通过 X 射线衍射法（即本书前述的研究晶体结构的方法）观测到了很多金属元素的电磁波谱，并且得到了著名的莫塞莱定律，证实了门捷列夫的元素周期表实质上是按照原子核电荷数对元素进行排序的（原子核的电荷数决定了该元素的原子序数）。原子序数成为确定化学元素的绝对标准，并最终给元素周期表的排序提供了最坚实的事实基础。

关于元素周期表，一直以来还有一个有趣且饱受争议的问题：元素周期表是否存在终点（最大的元素）？到目前为止，化学家和物理学家们还不能确定元素数量的上限在哪里。有一种观点认为，元素周期表可能在稳定岛（稳定岛是指周期表中可能存在稳定超重核元素的区域）后不久结束。此外还有一些其他的预测，如 128 号（约翰·埃姆斯利）、137 号（理查德·费曼）、146 号（约根德拉·甘比尔）和 155 号（艾伯特·卡赞）。其中 137 号元素是元素周期表终点的猜测由著名的美国物理学家理查德·费曼（Richard Feynman，1918—1988，1965 年诺贝尔物理学奖获得者）提出，元素符号为 Uts，是一种尚未被发现的元素。费曼之所以认为它会是可能存在的最大元素，是因为根据现有的原子模型，原子序数大于 137 的元素，其内层轨道电子可能无法稳定存在，甚至可能出现速度超过光速的悖论。现在仍然有大量科学家在努力合成新元素，让我们拭目以待元素周期表继续被填充的辉煌时刻。

第四节　最美的化学反应

在化学学科被正式定义、化学理论正式形成之前，我们的先人就已经在生活的各个方面应用这门科学了。我们很多人接触化学和热爱化学，也是从各种化学反应开始的。化学反应中常常能看到明显的发光、发热、变色等现象，而要判断一个反应能否被称为化学反应，最简单的标准就是：是否形成了新物质。通过各种各样的化学反应，人们得以创造出一个全新的、美好的世界。

一、金属的冶炼——从石器时代到青铜器时代

本书开篇提到，揭秘燃烧的本质对于人类文明的诞生和发展都起到了革命性的作用，而对火的掌握和运用也引发了人们对金属的研究和使用。铜是人类最早使用的金属之一，根据现有的证据可以追溯到大约一万年前。铜单质（天然铜）作为一种不太活泼的金属，存在于自然界并被我们的祖先直接取用。但是随着生产生活的发展，天然铜制造的各种工具就不足以满足需求了，于是从铜矿中冶炼获得铜的技术被开发出来。含铜的矿石非常常见，并且都具有引人注目的颜色

（如黄铜矿、孔雀石和蓝铜矿等，见图 1.7）。

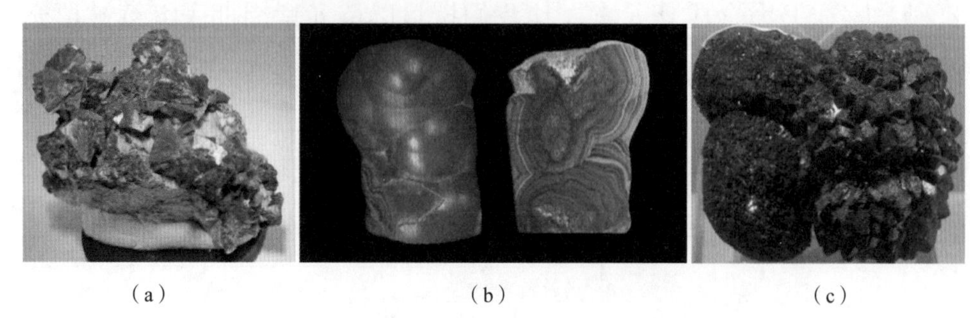
（a）（b）（c）

图 1.7　黄铜矿（a）、孔雀石（b）和蓝铜矿（c）

主要化学成分：（a）$CuFeS_2$；（b）$Cu_2(OH)_2CO_3$；（c）$Cu_3(CO_3)_2(OH)_2$

人们将含铜的矿石进行焙烧，目的是分解矿石中的碳酸盐，或者使空气中的氧气与矿石中的硫化物发生反应，形成更便于还原的金属氧化物。例如，将孔雀石焙烧时，其主要成分碱式碳酸铜会受热分解，发生以下化学反应：

$$Cu_2(OH)_2CO_3 \xrightarrow{\triangle} 2CuO + CO_2 + H_2O$$

焙烧后获得的氧化铜会与一些具有还原性质的物质（如焦炭）反应，通过还原反应形成铜单质，具体的化学反应如下所示：

$$2CuO + C \xrightarrow{\triangle} 2Cu + CO_2$$

在铜的冶炼方法出现后，人类又陆续掌握了冶炼锡、铅、铁等金属的技术。之后，埃及人最早发现铜与砷或锡混合制成的硬金属，比纯铜更适合用于武器和工具制造，并且更容易在铸模中铸造，这种铜与砷或锡的合金被称为青铜。青铜冶金很快就在全球许多地方取代了铜，人类也迎来了青铜器时代。在中国国家博物馆，大家一定会被迄今世界上出土的最重的青铜器“后母戊鼎”和目前发现唯一记录有周武王伐商日期的器物“利簋”所折服（图 1.8）。这些国宝凝练了我们祖先的智慧与汗水，是化学冶炼技术赋予了它们长久的生命力。

图 1.8　藏于中国国家博物馆的后母戊鼎（左）和利簋（右）

二、焰色反应和氦元素的发现

金属冶炼技术的发展不仅给我们带来了精美绝伦的青铜器，还有大家所熟悉的缤纷多彩的烟花。早在元代，著名的书法家、画家、诗人赵孟頫就在《赠放烟火者》中写道：“人间巧艺夺天工，炼药燃灯清昼同。柳絮飞残铺地白，桃花落尽满阶红。……”成语“巧夺天工”就出自这首诗。如今，人们在重要的节日和庆典都会燃放烟花，烟花的每次腾空与绽放都会引发人群的声声赞叹。烟花为什么有如此缤纷的色彩呢（图 1.9）？这就要从一种称为“焰色反应”的化学现象讲

图 1.9　长沙橘子洲头燃放的烟花

起了。

焰色反应是一种测试样品中是否含有某种金属的化学方法，一般是用化学惰性的金属线（如铂金或者镍铬合金）盛载样品，再放于燃气灯的火焰中去观察，不同的金属就会产生不同颜色的火焰。焰色反应的原理是什么呢？我们已经知道，原子的结构包括带正电的原子核和带负电的外围电子，在一般的状态下，电子会在稳定的能量轨道中运动。当被测试的金属原子受热时，电子会吸收热量，跃迁到更高能量的轨道中，但是由于这样的状态是不稳定的，这个电子还是会返回稳定的轨道，并且通过释放出一个光子还回吸收的热量。这个光子的频率和吸收的能量成正比，而这个能量是金属原子的固有性质，也就是说，不同的原子，会吸收不同的能量，就会放出不同频率的光，从而发生焰色反应（与元素的原子发射光谱原理相同）。烟花的各种色彩就是来自这些焰色反应（图 1.10）。

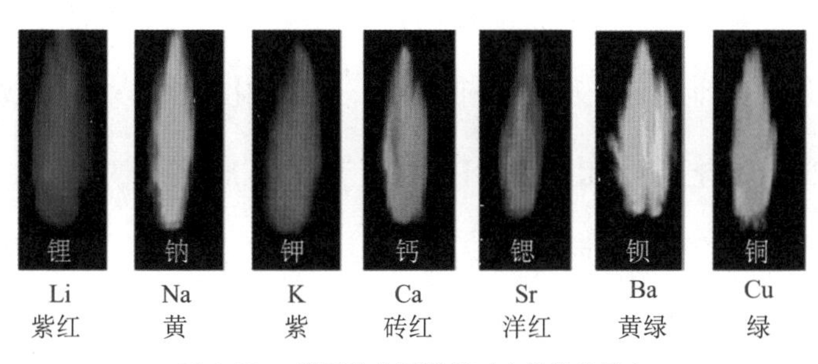

图 1.10　常见的金属及其对应的焰色反应

焰色反应是什么时候开始被人类学习和使用的呢？早在中国南北朝时期，著名的医药学家（同时也是炼丹家）陶弘景（456—536）在他的《本草经集注》中就有“强烧之，紫青烟起，仍成灰。不停沸如朴硝，云是真硝石也”（真硝石即硝酸钾）的记载。说明在大约一千五百年前，人们就已经知道用金属钾紫色的焰色反应来鉴别硝酸钾了。但是对焰色反应的系统科学研究则要推迟到一千三百多年后，德国化学家罗伯特·本生（Robert Bunsen，1811—1899）和德国物理学家古斯塔夫·基尔霍夫（Gustav Kirchhoff，1824—1887）合作研究了加热金属的发射光谱，完善了英国物理学家迈克尔·法拉第（Michael Faraday，1791—1867）发明的燃气灯（也被称为本生灯），利用光谱对照在火焰中观测到的不同原子的典型谱线并进行分析。这一技术也在后来被不断发展完善，被称为原子发射光谱法。焰色反应的光谱分析法自诞生以来，便被广泛应用在寻找新元素上，例如，本生和基尔霍夫就用光谱分析法发现了金属铯（Cs）和铷（Rb）。此外，人们也尝试从外太空寻找新的元素。例如，在1868年，人们在日全食时观测到一条未知的黄色光谱，经过分析比对，发现是一种新的元素。由于当时还没有在地球上发现这种元素，因此化学家以希腊神话中的太阳神赫利俄斯的名字，也就是Helium（氦）命名了它。二十七年后，1895年瑞典化学家才在地球上首次分离出了氦。现代化学的魅力就在于此，它不仅仅带领人类解析物质、创造物质，更重要的是探索生命乃至宇宙的奥秘。

第二章

化学创造之美

著名的有机化学家、诺贝尔奖获得者罗伯特·伯恩斯·伍德沃德（Robert Burns Woodward，1917—1979）曾说过：化学家在旧的自然界旁边又创造了一个新的自然界。在“创造”这个概念上，没有一门学科能够与化学媲美。化学所关心的不单单是自然界已有的物质，更是创造自然界没有的物质。其中，合成化学是化学的中心，它不仅使人类拥有了千百万种化合物，同时也带动了产业革命，推动了社会发展。20 世纪人类社会文明进步的标志之一就是合成材料的出现，三大传统合成材料——塑料、橡胶、纤维，它们的出现极大地改善了人们的生活。随着社会的迅猛发展，人们对新型功能材料的需求也越来越高，合成化学研究更是不可或缺。

第一节　有机合成

碳元素是整个地球生命最基础的元素，每个碳原子最外层有 4

个电子，形成 4 个共价键，可以连接各种功能复杂的官能团，如苯环、酸根或其他大型碳链（蛋白质、核苷酸等有机大分子）。绝大多数含碳化合物被称为有机化合物，因为以往的化学家们认为这样的物质一定要有生物（有机体）才能制造，这便是有机化学名称的由来。有机化学是研究有机化合物的组成、结构、性质、制备方法与应用的科学。1828 年，德国化学家弗里德里希·维勒（Friedrich Wöhler，1800—1882）在实验室中首次成功合成尿素，自此以后有机化学便脱离传统定义的范围，扩大为烃及其衍生物的化学。

一、有趣的分子创造

在肉眼不可见的微观世界里，人类不仅是观察者，更是造物者。有机合成中最具有挑战的反应莫过于碳氢（C—H）键的官能团化。因为碳元素与氢元素的电负性相近，且 C—H 键具有很高的键能，在温和条件下断裂 C—H 键极难。苯作为 C—H 键官能化中最经典的物质之一，在 19 世纪上半叶被发现，苯的结构则在 1865 年由凯库勒（Friedrich A. Kekulé，1829—1896）提出。据说，凯库勒做了一个蟒蛇咬尾的梦，由此受到启发，想到苯为环状结构。目前基于苯环的各种芳香烃的合成手段数不胜数，它们形态各异，命名也都非常有意思。例如，美国康奈尔大学的魏考克斯（Charles Wilcox）合成的有机分子，因其形态就像一尊释迦牟尼佛，被称为释迦牟尼分子。美国化学家詹姆斯·图尔（James M. Tour，1959—）则别具创意地合成了一系列千奇百怪的纳米分子小人（图 2.1），他给这些小人穿上了衣服，设计了不同的姿态，甚至让它们具备各种动态。他还利用纳米分子小人拍摄了各种动画片，制作成 CD、互动软件等，他为中小学生教育而创建的纳米小子（nanokids）项目非常成功，这个概念逐渐扩展成为美国得克萨斯州目前使用最广泛的一个科学教育系统。

图 2.1　詹姆斯·图尔教授与有趣的分子小人

二、手性与立体化学

对物质而言，结构决定性质，手性则将这一点展现得淋漓尽致。手性，指一个物体不能与其镜像相重合，如我们的双手，左手与右手互成镜像却不重合。同一物质在不同手性下或许有截然不同的性质。例如，沙利度胺的 R 型对孕妇有镇静作用，而 S 型则会导致胎儿畸形。关于消旋体拆分、不对称合成的有机立体化学理论是有机化学合成中的重要问题。手性也存在于自然界各种生命体之中，牵牛花藤蔓缠绕方向的右手性、贝壳的右旋螺纹、组成生命的左旋氨基酸（图 2.2），无一不体现了手性之美。

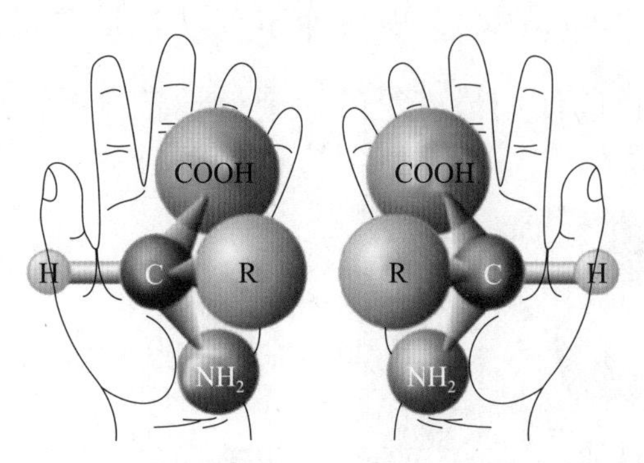

图 2.2　左旋和右旋氨基酸分子（图片来源：光明网）

三、有机合成与生命

1982 年，诺贝尔奖获得者阿瑟·科恩伯格（A. Kornberg）教授在美国哈佛医学院建校二百周年纪念会上进行了题为“把生命理解为化学”的演讲，他提出“化学的语言极为丰富多彩，它能产生最美的图画”。从某种程度上说，一切复杂而又神秘的生命现象都可以理解为生命体分子间有组织的化学反应的表现。例如，人体中的锌元素，参与体内两百多种酶的合成，能影响人体发育和免疫功能。又如，人体中的氟元素，主要存在于牙齿和骨骼中，可以帮助人们的骨质更为紧密，但是如果氟元素过量，也会影响到牙齿的美观，使牙齿局部变色，医学上称为“氟斑牙”。对生命中的化学原理理解得越透彻，越能帮助人类活出健康与美丽。

如今人们常用的化学药物，如感冒药、抗生素等，一直到20世纪初它们还仍是人类不敢奢求的神奇产物。德国人多马克（Gerhard Domagk，1895—1964）在染料中发现了一种名为百浪多息的分子，可以治疗由链球菌引发的败血症，后来又逐渐发展出青霉素、金霉素、青蒿素等抗菌药物。可以说，药物的发展史也一直与有机化学的发展紧密相连。

近年来，生物大分子，尤其是核酸和多肽的固相合成技术（非生物来源）不断成熟，降低了成本的同时也提高了产率，包括甲基、氨基、巯基等官能团以及荧光、生物素等功能基团的修饰技术均炉火纯青，为基础科学与应用科学研究起到重要推动作用。过去几年，利用人工智能（AI）技术分析和预测蛋白质折叠也获得突破性进展，未来还有望利用化工方式合成具有特定折叠形态的多肽或蛋白，将为酶的定向进化和生物医药产业做出新的贡献。

第二节　无机合成

无机合成是化学合成方法中的一个重要分支，是最早被掌握并运用到实际生产生活中的合成技术。从古代原始人烧制黏土制陶器用以盛装食物，到弗里茨·哈伯（Fritz Haber，1868—1934）利用大气中的氮气合成氨，满足了快速增长的人口对粮食的需求，无机合成方法的进步推动着人类生产生活发生翻天覆地的变化。无机合成的对象也早已超越一般的无机物，拓展到金属有机化合物、原子簇化合物、无机固体材料等方面。

一、晶体——有序“生长”

晶体是由原子、分子或离子等按照一定的周期性进行高度有序排列的微观结构。人类最开始从具有规则外形的天然矿物中认识晶体，惊叹于晶体的晶莹瑰丽和万姿千态，直到 17、18 世纪发现晶体夹角守恒定律，晶体学才发展成为一门独立的学科；18、19 世纪，在测量了大量晶体角度以及建立了空间群理论后，晶体学进入了快速发展时期；20 世纪初发现晶体的 X 射线衍射后，晶体学进入微观研究阶段；此后，随着晶体结构测定的速度和精度的提高，晶体学进入现代晶体学阶段。如今，晶体学与化学、生物学、物理学等紧密结合，探索出全新的研究领域。例如，在生物大分子领域，人们利用晶体学的方法，清晰地解析出生物大分子复杂的三维结构，揭示了生物大分子与生物功能高度统一的“结构 - 功能”关系，推动着一系列重要生物学问题的深入研究。

晶体对于光也有特殊的“调控”作用。例如，非线性光学晶体中的倍频晶体，通过它，可以轻松地将 1064nm 的红外入射光变成 532nm 的绿光。晶体对光的作用不仅仅体现在调控方面，晶体还可以产生光，如激光晶体就可以广泛地应用于工业、医疗和军事等领域。

二、分子筛——超越沸石

分子筛是一种人工合成的在分子水平上筛分物质的多孔无机材料。分子筛中小小的孔径可以给人们的生产生活带来大大的便利，如制氧机的工作原理就是以0.5nm孔径的分子筛为吸附剂，在变压吸附的作用下实现氮氧分离，从而达到从空气中分离出氧气的目的。

人类科技进步推动着人们对于分子筛的深入探索。对于多孔材料来说，从最开始以天然沸石为代表的直径大于50nm的大孔材料，发展到须借助电子显微镜才能观察到的、孔径在2～50nm之间的介孔材料，以及孔径小于2nm的微孔材料。人们采用人工合成的方法制备沸石分子筛，通过设计规则的孔道结构获取所需的性质，其中最具代表性的方法是后处理法和模板法。后处理法也称人为造孔法，以常规微孔沸石分子筛为基底，用酸、碱、水蒸气等具有刻蚀性能的试剂，对沸石分子筛骨架上的硅或铝进行脱除的一种方法。模板法则是通过对模板剂合理选材或设计，更精确地对孔隙及颗粒结构进行控制，同时避免发生因骨架脱硅或脱铝而导致的性能降低。而近几年兴起的3D打印技术能够基于特定材料性能的要求，快速精确地个性化定制所需的沸石分子筛材料结构，为分子筛构造之法开辟了全新的方向。

三、团簇——“乐高”化学

在化学的世界里，无机纳米团簇是指原子或分子的集合，其大小介于分子和大块固体之间，它虽然“个头”娇小，但在现代生产生活中发挥着巨大的能量，在新一代催化剂、传感器和光电器件应用领域有着十分光明的前景。多金属氧团簇因其多电子氧化还原反应特性和精巧的三维结构，在催化储能方面大放异彩。20 世纪 70 年代末 80 年代初，国际上掀起了多酸催化的研究热潮，从学术界到产业界纷纷涉足多金属氧团簇研究领域。自 1972 年首次利用多金属氧团簇催化丙烯水合直接制备丙醇项目成功实现工业化以来，多个与多金属氧团簇相关的典型工业化项目相继落成，其中几个已达到万吨以上的规模，给人们的生活带了极大的便利，被誉为“20 世纪先进生产工艺”。目前已报道的最大的无机分子如图 2.3 所示，其结构之精巧令人惊叹。

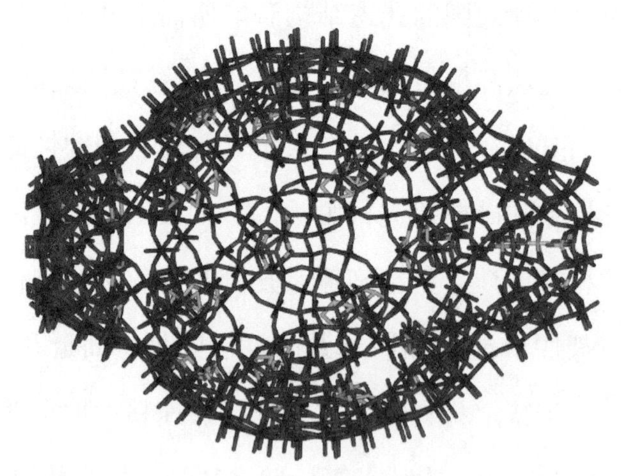

图 2.3　已报道可合成的最大的无机分子 $Na_{48}[H_xMo_{368}O_{1032}(H_2O)_{240}(SO_4)_{48}]\cdot 1000H_2O$

四、无机半导体

21 世纪被称为数字信息时代，因特网的出现拉近了人与人之间的距离，而这一切不得不归功于半导体的发现。锗是第一代应用于晶体管的半导体化学元素。后来，肖克利（William Bradford Shockley，1910—1989）在半导体实验室决定使用硅来代替锗。随着科技进步，数以万计的硅晶体管作为元件集成在拇指大小的硅片上，成为微处理器或芯片，并应用于手机、计算机等各种电子设备中。

随着移动通信的飞速发展，以砷化镓、磷化铟为代表的Ⅲ-Ⅴ族化合物作为第二代半导体开始崭露头角，其中砷化镓是目前技术最成熟、应用最广泛的材料。第二代半导体能耗与体积更小，更易实现超高速与超高频性能，因而在卫星通信、移动通信及光通信等领域得到广泛应用。接下来，最成熟的第三代半导体材料——氮化镓、碳化硅，开始取代第二代半导体，并在电子科技产品的生产制造中占据绝对的霸主地位。它们可以制造高耐压、大功率电力电子器件，用于智能电网、新能源汽车等行业。目前氮化镓的应用主要集中在发光材料、5G 通信射频等领域。随着半导体产业的飞速发展，如氮化铝、半导体金刚石、氧化镓、立方氮化硼、氧化锌铍等第四代半导体材料也逐渐受到关注。这些新兴的半导体材料在高频、高效率、大功率微电子器件和深紫外光电探测器件等领域有着极为广阔的应用前景。

英特尔公司联合创始人之一戈登·摩尔（Gordon Moore，1929—1983）有一条非常著名的经验总结：集成电路上可以容纳的晶体管数目大约每经过 18 个月便会增加一倍，处理器的性能会提升一倍。这便是后来被称为计算机第一定律的“摩尔定律”。只是摩尔定律提出之时，就预示了它会有失效之日，因为物理元件不可能无限缩小。人类已经走到了以硅基芯片为中心的算力时代的边界。或许，新兴半导体材料的出现能带领人们打破这个边界，摩尔定律的失效并非结束，而是另一个开始。

第三节 碳材料合成

碳材料在人类的发展历程中扮演着非常重要的角色。碳元素在自然界中广泛存在，由于碳原子具有多种杂化方式，地球上产生了许多具有不同结构和性能的碳材料。用来象征爱情的钻石就来源于一种由碳原子以 sp^3 杂化方式构成的矿物——金刚石，它是天然存在的最坚硬的物质。而金刚石的“孪生兄弟”，由碳原子以 sp^2 杂化组成的石墨，却成为铅笔的笔芯。目前研究和使用最多的碳材料可以根据它们的结构特征分为零维材料、一维材料和二维材料。

一、零维碳材料

零维碳材料一般是指具有较小尺寸的碳纳米颗粒、碳量子点等材料。其中富勒烯就是一类非常有意思的零维碳材料。富勒烯是一类立体笼式的碳材料，含 60 个碳的 C_{60} 是富勒烯家庭中最著名的一类，它的形状如同足球一般，因此又称为足球烯（图 2.4）。富勒烯于 1985 年首次被英国和美国的科学家制备而成，他们发现这种材料长得很像建筑学家富勒的建筑作品，因此将其命名为“富勒烯”。

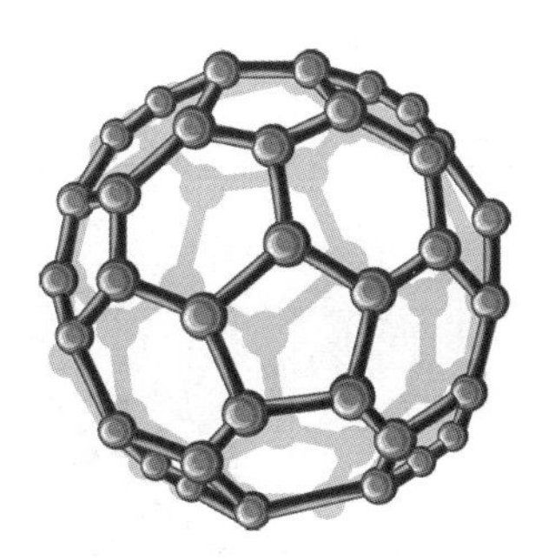

图 2.4　富勒烯 C_{60}

富勒烯具有硬度高、导电性强等性质，在太阳能电池、电传感器等领域有着广阔的应用前景。电弧放电法和燃烧法是比较常见的富勒烯合成方法。电弧放电法在电弧室中进行，将石墨棒作为电极并添加催化剂，通入惰性气体，在两根高纯石墨电极之间进行电弧放电，得到 C_{60} 等富勒烯分子。燃烧法是由苯、甲苯等含碳有机物在氧气作用下不完全燃烧得到 C_{60}、C_{70} 等富勒烯分子，这是一种常见的工业生产富勒烯的方法。

二、一维碳材料

一维碳材料如碳纳米管、碳纤维等，微观结构如同一条线一样。碳纳米管具有空心管状结构（图 2.5），最初是由科学家们在进行化学实验时偶然得到的。它的结构非常精巧，根据管的“层数”又被分为单壁碳纳米管和多壁碳纳米管。碳纳米管非常细小，其直径甚至不到头发丝的万分之一，这也使碳纳米管成为最细的毛细管兼最细的试管。合成碳纳米管的主要方法有电弧放电法、化学气相沉积法等。前面已经介绍过电弧放电法，而化学气相沉积法是让含有碳的烃类气体通过附着有催化剂微粒的模板，气态烃在模板的控制下，于高温下分解产生纯度较高的碳纳米管。

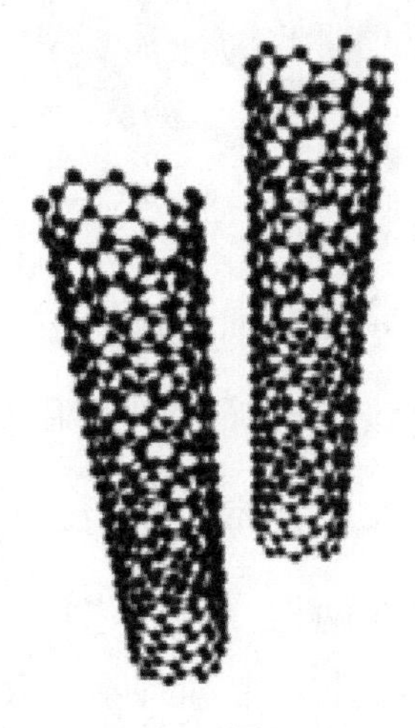

图 2.5　碳纳米管

三、二维碳材料

二维碳材料通常是指具有平面结构的碳材料，以石墨烯和石墨炔为代表（图 2.6）。石墨烯是由碳原子紧密连接而成的平面材料，它一层的厚度相当于头发丝的二十万分之一，在电子学、材料学、生物医学等多个领域得到了广泛研究。石墨烯，顾名思义，和石墨有着密不可分的联系，它相当于是从非常厚的石墨中分离出薄薄的一层或者几层石墨，这少数层石墨就被认为是石墨烯。但由于层与层之间存在较大的相互作用力，这个“分离”出石墨烯的过程就显得尤为困难。英国的两位科学家从高温处理过的石墨中剥离出薄薄的石墨片，然后将石墨片的两面粘在特殊的胶带上，通过不断地撕开胶带把石墨片一分为二，最终得到了单层的石墨烯。英国曼彻斯特大学安德烈·海姆（Andre Geim，1958—）和诺沃肖洛夫（Konstantin Novoselov，1974—）凭此贡献于2010年获得诺贝尔物理学奖。石墨炔是另一种近年来新出现的二维碳材料，不同于富勒烯、碳纳米管和石墨烯以 sp^2 杂化方式成键，它具有sp杂化的碳碳三键，同时保持了良好的平面结构。我国的李玉良院士在石墨炔合成方面做出了巨大贡献。

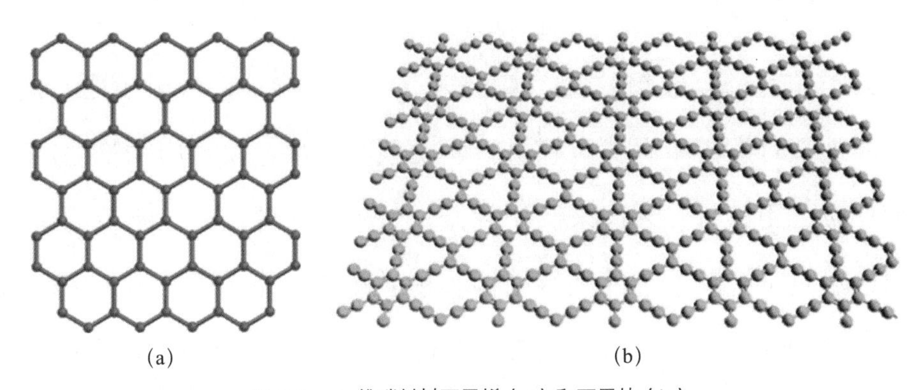

图2.6　二维碳材料石墨烯（a）和石墨炔（b）

一些比较成熟的碳材料合成方法已经帮助人们在实验室以及工业生产中获得了许多想要的碳材料。如何提高目标碳材料的产率、减少经济成本和环境污染，是未来科学家们仍需不断努力解决的问题。

第四节 新材料

在20世纪，科学家们已经创造了超过2000万种新的化合物，而这个步伐在21世纪还在加快。化学仍然是解决食物和健康问题的主要学科之一，人们需要创造新的物质来提高生活质量。材料是产业发展的基石，在未来十年、二十年里，哪些新材料具有更大的发展潜力呢?

一、仿生材料

人类作为一个敢想敢做、善于学习思考的物种，自诞生之日起，就不断地从自然界中寻找灵感进行发明创造。从过去利用动物毛皮来防寒保暖，用兽骨、牙齿来制作武器、工具，到现在人工制造的仿生材料已经具有媲美生物的独特结构和超强性能，并广泛应用于生产生活当中。例如，人们仿造昆虫表皮，用从虾壳中提取的壳质和来源于蚕丝的丝素蛋白制成仿生塑料。它具有像昆虫表皮一样的强度、耐久性，可用于制造迅速降解的垃圾袋、包装材料和尿布。作为一种特别坚固的生物相容性材料，它也可用于缝合承受高负荷的伤口，如疝修补或作为组织再生的支架。又如，人们通过对植物的研究，将半纤维素和木质素从木材中剥离，形成了一种疏松多孔的纤维结构，它可以像海绵一样从水中吸收油脂，其吸收性和可重复使用性超越了今天使用的任何一种吸收剂，为从海洋中回收泄漏的石油和石油产品提供了一种高效的解决方法（图 2.7）。

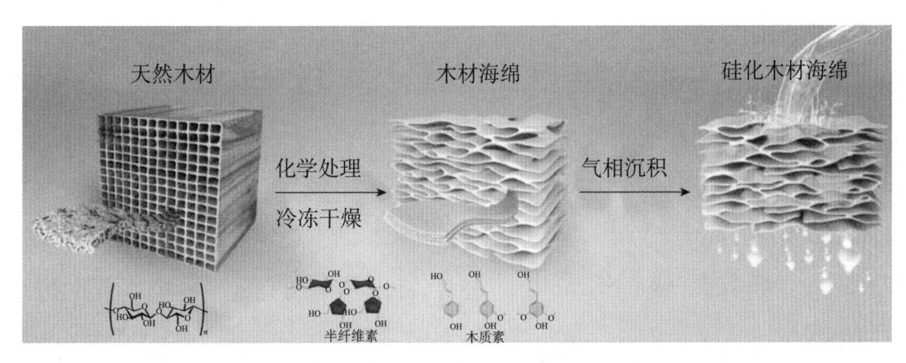

图 2.7　由天然木材制备的木材海绵用于油水分离

二、超级电池材料

人们无时无刻不在使用电能，而电池作为一种能够输出电能的小型装置，在社会生活中的各个方面发挥着重要的作用。在植入式医疗领域，电池为各种植入人体内的传感器或人造器官持续供电，如心脏起搏器。这就对新一代电池的材料和性能提出了更高的要求，因为一旦电池停止工作，患者就不得不承受二次手术的痛苦和风险来置换电池，这同时也是一笔不小的开支。科学家们设想出了许多方案来解决这个问题，例如，开发具有更大比电容、更高能量密度和更长使用寿命的超级电容器，以达到一次植入终身免充电的目的。这就需要用到具有大比表面积的二维电极材料，如石墨烯、碳纳米管、各种金属氧化物、金属有机框架（MOF）等。在这些新材料的加持下，小到心脏起搏器等植入式医疗器械，大到无人驾驶飞行器等军事装备，都有望获得终身动力。在未来，超级电池材料将深刻影响军事、混合动力汽车、智能仪表等诸多领域。

三、柔性电子材料

随着人们对电子产品的功能和便携性需求的日益增长，可穿戴电子设备这一新兴领域应运而生。近年来，苹果手表、耐克智能跑鞋等一批智能终端相继得到消费者的广泛认可，显示了可穿戴电子设备在健康管理、运动监测等方面的巨大潜力。然而，目前市面上销售的可穿戴电子产品多数仍是基于传统的小型化硅电子器件的设计，远没有达到柔性的要求。

柔性电子是将无机或有机器件附着于柔性基底上形成电路的技术。轻薄透明、拉伸性好、绝缘耐腐蚀等性能成为柔性基底的关键指标，常见的柔性材料多是基于塑料、织物或纸片，如聚乙烯醇（PVA）、成聚对苯二甲酸乙二酯（PET）、聚酰亚胺（PI）等。导电材料的选择就更加丰富了，有受到传统金属导线启发而设计的导电纳米油墨，如纳米颗粒和纳米线等；有利用有机半导体材料设计的场效应晶体管；有用液体作为介质的离子导电水凝胶；还有受到蚕丝启发，通过向蚕宝宝持续喂食负载有单壁碳纳米管和石墨烯的桑叶而制备的导电纤维。相信在不久的将来，蓬勃发展的可穿戴电子设备会让人们的生活更加便捷、智能。

四、自组装（修复）材料

材料在使用过程中不可避免地会产生局部损伤和微裂纹，并由此引发宏观裂缝而发生断裂，影响材料正常使用，缩短材料使用寿命。裂纹的早期修复，特别是自修复是一个现实而重要的问题。自修复材料是一种可以感受外界环境的变化，集感知、驱动和信息处理于一体，通过模拟生物体损伤自修复的机理，在材料受损时能够进行自我修复的智能材料。实现自修复的关键在于能量补给和物质补给、模仿生物体损伤愈合的原理，使复合材料对内部或者外部损伤能够进行自修复自愈合，从而消除隐患、增强材料强度和延长使用寿命。

自修复材料按机理可分为两大类。一类主要是通过在材料表面或者内部分散或复合一些功能性物质来实现的，这些功能性物质主要是超细陶瓷粉体或装有化学物质的纤维或胶囊，如自修复混凝土。另一类主要是通过加热等方式向体系提供能量，使其发生结晶，在表面形成膜或产生交联等实现修复，如自修复玻璃。由于具有超长寿命和无须人为干预的优势，自修复技术在军事、建造、植入式医疗、可穿戴设备等领域均有重要应用价值。

五、核酸纳米材料

生物大分子一直是化学家最感兴趣的对象之一，不但因为它们蕴含着生命最深层的秘密，更因为对它们的认知、调控乃至合成将为人类医疗与健康领域提供最有价值的工具。核酸（包括 DNA 和 RNA）以其基因信息的携载能力，在生命过程中起着核心的决定性作用，而作为线型高分子聚合物，核酸分子也让化学家痴迷。因为其明确的四碱基系统、优美的双螺旋结构以及精确的互补识别特性，人们可以通过序列的设计和调控让一条条简单的核酸链彼此连接缠绕，按照人们的意图组装出各种精美的图案与结构。这些组装产物仅仅十几至几百纳米大小，需要通过特殊的原子力显微镜或电子显微镜才能观察，因此这一蓬勃发展的新科技也被称为核酸纳米技术。DNA 纳米技术侧重于结构编辑与控制，从一维到三维，从长程有序到特立独行，从刚性到柔性，各种各样的 DNA 纳米结构在化学家手中被创造出来（图 2.8）。它们还可以作为模板，把其他的分子或纳米材料以特定数量组装到自身的特定位置，实现结构的功能化。而 RNA 纳米技术可以利用组装新结构的能力，进一步体现 RNA 分子的生物学特性与功能，利用新颖的组装体更加稳定高效地调控生命过程。核酸纳米技术通过精确合成的纳米结构，正在为微纳加工技术、微纳电子学、信息存储与计算、合成生物学、分子仿生工程以及分子医学提供各种新颖和高效的工具，服务基础科学与应用科学的发展。

化学将持续不断地推动材料科学的发展，特殊功能材料的研发已成为现代社会发展的必需和科学家们研究的热点。目前，人们正致力于生物计算机、生物芯片、分子器件等新技术的研发，而分子电子学、分子信息技术的不断进步，需要人们设计、合成各种功能更强大

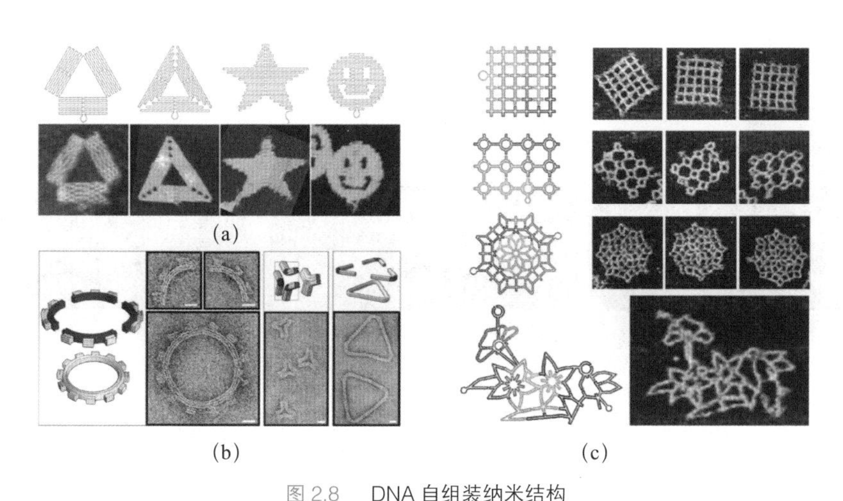

图 2.8　DNA 自组装纳米结构

（a）二维致密结构；（b）三维致密结构；（c）二维网格结构

的物质和材料。人们生活在一个美妙的世界，人类的每一天都被日新月异的奇迹所改变。化学从人类智慧中诞生，带给人们无数可能，今后化学仍将继续它的使命，与人类共同迈向未来。

第三章 化学应用之美

著名的明代思想家王阳明曾说“尽天下之学，无有不行而可以言学者”，他强调知行合一、行而知理。化学科学正是在一代代人的运用和发展中生生不息，润物细无声地渗透进我们生活的方方面面，并在岁月的长河中烙印下不同时代的人文价值。本章将从衣食住行乃至能源、军事等各个方面探索生活中的化学之美，切身感受时代变迁过程中的科技之光。

第一节 纤维的前世今生

俗话说“人靠衣装，佛靠金装”。人们对美的追求在衣着上体现得最为淋漓尽致。近代以来，化学工艺的进步在服装材质的变革中起到了重要作用。人类最初的衣服面料只能依赖天然纤维（如棉、麻、丝、毛等），但随着各种合成材料的出现，服饰变得更舒适、轻便、低价的同时，也更好地承载了人们的审美情趣与美好期望。

一、合成化纤吹响“穿衣革命”的先锋号角

化学合成纤维（如涤纶、锦纶、腈纶、氯纶、维纶、氨纶等）以高分子化合物为原料，不仅压缩了制衣成本，还提升了人们的穿着体验。这些化学合成纤维，虽然名字极具专业性，但是其实离我们并不遥远。锦纶，学名为聚酰胺纤维，实际就是我们熟知的尼龙；涤纶，学名为聚对苯二甲酸乙二酯，实际就是曾经风靡 20 世纪七八十年代的“的确良”（图 3.1）。新中国成立初期，面对上亿中国人穿衣难的窘境，我国合成纤维工业的开拓者——郁铭芳院士及其团队在 1958 年 6 月成功纺出了中国第一根合成纤维——锦纶 6 丝。随后的合成纤维科研成果，更是成为破解国人穿衣困局的有力锐器。因此，也就有了后来的一句话:“食有袁隆平，穿有郁铭芳。”

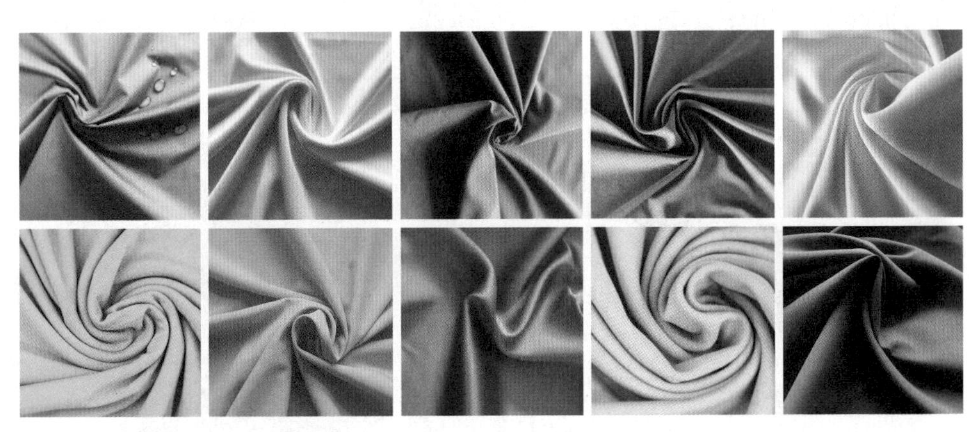

图 3.1　色彩斑斓的“涤纶”服饰面料

二、妙用不粘锅打造“世纪之布”

有了新化学材料的助推，更舒服、更轻便的服饰便应运而生。例如，户外运动爱好者们所热衷的防水防风且透气性好的 GORE-TEX 制品，其核心技术是采用一种名为膨体聚四氟乙烯的高分子薄膜面料。聚四氟乙烯也称特氟龙，就是常用的不粘锅涂层的成分，兼具疏水疏油性能。而膨体聚四氟乙烯薄膜，是加速猛拉并膨胀近十倍后得到的，每平方厘米薄膜上有几百万个气孔。这些气孔非常小，大约是水滴的两万分之一，但约是水蒸气分子的七百倍，因此可以把水滴隔绝在外，而允许水蒸气穿过，防水又透气。这种多孔的薄膜压合在一层尼龙材料里面，不仅轻、薄、坚固耐用，而且能突破防水与透气不能兼容的局限，同时具备防风、保暖功效（图 3.2）。因此，GORE-TEX 面料被誉为“世纪之布”。

轻便、耐用、防风、保暖、防水、透气的户外服饰

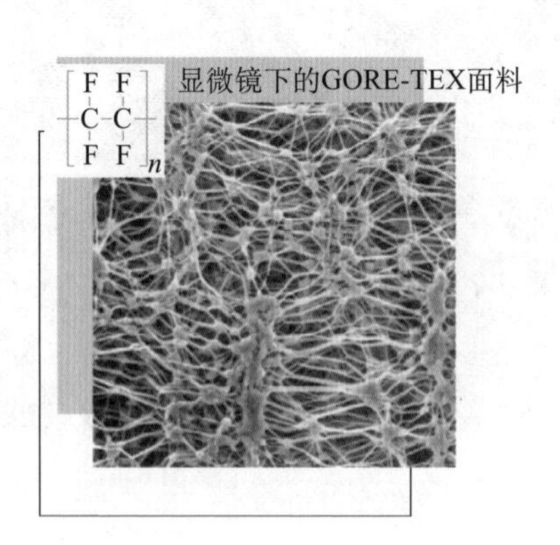

$$\left[\begin{array}{c} F\ \ F \\ | \ \ \ | \\ -C-C- \\ | \ \ \ | \\ F\ \ F \end{array}\right]_n$$

膨体聚四氟乙烯（ePTEE）薄膜的化学和纤维结构

图 3.2　化学材料在高性能户外服饰中的妙用

三、新材料航天服助力探寻太空之美

随着科技的发展，人类的步伐已经迈向太空。“琼楼玉宇”是古人对太空的向往，“高处不胜寒”则是当代航天人在真空、超低温、太阳辐射和微流星等环境下面临的困境。航天服如何在特殊环境下保障航天员的生命活动和工作能力，化学材料在“乘风归去”的科学之路上起到了关键作用。大量化学纤维制品被应用于航天服中，如阿波罗探月航天服的面料达 21 层之多，而 NASA 为火星开发的新一代 NDX-1 型轻量化航天服，则用了包括碳纤维在内的多达 350 种材料，厚度仅控制在 4.8mm 左右。值得一提的是，航天服用到的新材料碳纤维是化学家们利用有机高分子纤维（如聚丙烯腈纤维），通过预氧化、高温碳化，再经表面处理等工序制成的一种高强度、高模量、耐高温的新型无机高分子纤维。这类纤维常作为增强材料，与树脂、金属、陶瓷等制成质地强而轻、耐高温、防辐射、耐水耐腐蚀的高性能复合材料，应用于航天航空等领域（图 3.3）。相信未来新化学材料日臻完

航天器的大体分层：
舒适层：棉针织品
保暖层：合成纤维片、羊毛、丝绵
散热层：聚氯乙烯管、尼龙薄膜
气密限制层：氯丁尼龙胶布、涤纶
隔热层：镀铝的聚酰亚胺薄膜或聚酰胺薄
外防护层：镀铝织物、高性能合成纤维

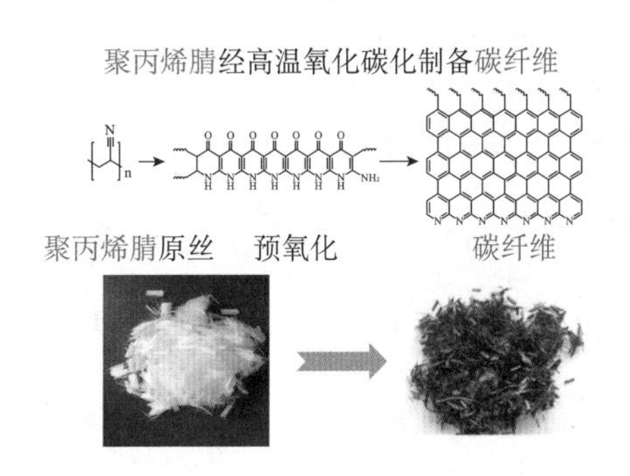

图 3.3　化学材料在太空航天服中的应用

善，也能为普通人带来更加便捷经济的航天服，让人们有机会亲眼一睹“天上宫阙”的美景，实现“千里共婵娟”的太空梦想。

第二节　从果腹到佳肴

古语云，“民以食为天”。食物是人类赖以生存的物质基础，但粮食问题曾一度困扰着人类，但是人们并未轻易屈服，而是采用各种手段有效地实现了粮食增产，其中就包括使用先进的化学技术。温饱问题解决后，人们又通过对化学元素的巧妙利用，享受美食带来的愉悦感受。与此同时，化学检测手段的开发也有效地保障了食品安全。

一、化学技术，助力粮食增产

古语云，“雷雨发庄稼”（图 3.4）。当雷雨天时，空气中的主要成分氮气和氧气容易化合生成一氧化氮，一氧化氮又可以与氧气结合生成二氧化氮。二氧化氮溶于水后，生成硝酸和一氧化氮，生成的硝酸随雨水降落到大地上，同土壤中的矿物相互作用，生成可溶于水的硝酸盐。这种氮盐为植物生长提供了大量营养元素。但是这种靠天吃饭的日子实在太不稳定，干旱成为制约农业发展的难题。科技工作者们通过一次次的实验，最终实现了以碘化银（AgI）为催雨剂的有效人工降雨方法。含有碘化银的炮弹被打入云雾中后，碘化银在高空扩散，成为云中水滴的凝聚核，水滴在其周围迅速凝聚，达到一定体积后便可产生降雨，为干涸的农田带来甘霖。

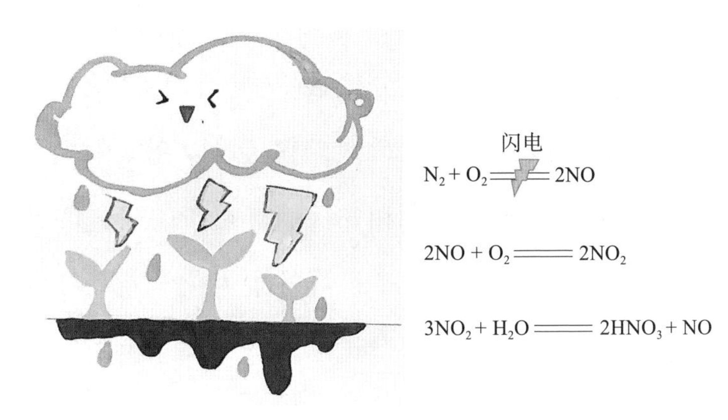

图 3.4　“雷雨发庄稼”的化学原理

化学家们还通过不断开展对合成氨的研究，将“自然固氮”变成了更高效的“人工固氮”。例如，德国化学家弗里茨·哈伯在高压条件下，通过铁催化剂把氢和氮的混合气体变成了合成氨。现在，百分之七八十的合成氨用于氮肥的生产，大大提高了农作物的产量。

在农业生产问题上，除了水肥的需求之外，还存在虫、草等生物灾害的威胁，至少三分之一的粮食产量受到影响，而化学农药的应用，使各种生物灾害得到有效控制。随着科技的发展，生物灾害的防控逐渐转向兼顾高效与环保，纳米农药应运而生。纳米农药是基于一定的有害生物防控场景，通过功能材料与纳米技术，使农药的有效成分以纳米尺度分散状态稳定存在。例如，纳米二氧化钛具有无毒、防紫外线、超亲水和超亲油等特性，在光激发条件下，可生成超氧阴离子和羟基自由基等活性氧物质，从而将各种有机物逐步氧化分解成二氧化碳和水，杀灭细菌、病毒、真菌等各类微生物。如果将纳米二氧化钛作为农药载体，由于它微粒尺寸小但表面积大，作物吸附之后能在叶面上均匀分散，因此可充分接触生物靶标，高效发挥药效。同时，基于纳米二氧化钛的光氧化活性，它还可以在太阳光下原位降解残留农药。纳米农药集纳米技术和农药的优点于一身，因此国际纯粹与应用化学联合会认为，在将改变世界的十大化学新兴技术中，纳米农药位居首位，将为实现农药用量“零增长”和绿色防控贡献不可估量的力量。

二、化学认知，尽享舌尖美食

“一粥一饭当思来之不易，一饮一啄饱蘸苦辣酸甜。”饮食中的各种风味都源自调味料和烹饪过程中的化学反应。食盐是使用最广泛的调味料，有“百味之王”的美称，主要成分是氯化钠（NaCl）。氯化钠作为一种强电解质，一定浓度下可以增加细胞内蛋白质的持水力，促使部分蛋白质发生变性，使原料组织变得滑嫩、柔软，从而起到调味和改善口感的作用。鲜，也是人们常提及的一种味觉体验。1908年，日本化学家池田菊苗从海带中成功提取了谷氨酸，从而揭示了鲜味的原理。鲜味与盐分息息相关，谷氨酸等鲜味成分本身并不能使人感到美味，食盐在水中离解的钠离子和氯离子能促进味精离解成两性离子状态，这与人体味觉器官相吻合，进而让人产生“鲜”的味觉体验。

还有很多人都熟悉的“美拉德反应”（也称“非酶褐变反应”），

烧烤食物的香味就源于此（图 3.5）。1912 年，法国化学家美拉德（Louis Camille Maillard，1878—1936）发现，甘氨酸与葡萄糖混合加热时会形成褐色的物质，并产生拟黑素以及上千种不同气味的分子，散发出诱人的香味，挑逗人类的嗅觉。以红烧肉为例，炒糖色时加入的糖，在高温条件下分解为葡萄糖和果糖，它们与猪肉中的蛋白质和酱油中的氨基酸产生美拉德反应，最后收汁时，焦黄色泽便越发诱人，满室盈香。

图 3.5　烘烤食物香味诱人的化学原理

三、化学检测，守护“舌尖上的安全”

“民以食为天，食以安为先。”要享受美味佳肴，食品安全要放在第一位。各种分析化学检测技术作为“侦探利器”，使食品中的“魑魅魍魉”现形，守护着舌尖上的安全。例如，黄曲霉毒素经常能在植物油、干果或发酵食品等食物中被检测到，被世界卫生组织划定为I类致癌物，它的毒性是砒霜的68倍，是目前已知毒性最强的霉菌。因此，快速检测黄曲霉毒素至关重要。为此，化学家们发明了各种高效、灵敏、准确的食品安全快速检测卡，如基于胶体金免疫层析原理的速检卡，利用黄曲霉毒素与纳米金结合后的变色反应，几分钟之内就能裸眼判定黄曲霉毒素是否超标。

第三节　造就安居之所

杜甫曾疾呼“安得广厦千万间，大庇天下寒士俱欢颜”，而“老有所养，住有所居”也是现在我国在民生方面提出的美好愿景，人们对安心、舒心、称心的居住环境从古至今都心向往之。化学新材料的不断进步，让人们的居住梦想得以一步步成为现实。

一、开发新型材料，保居住平安

钢筋混凝土的出现大幅提高了房子的安全性，也成就了都市中高楼林立、万家灯火的繁荣。高层建筑上常见的玻璃，不仅可以挡住风雨，还可以让人们欣赏到户外美丽的风景，但因其易碎也曾是一个重大的安全隐患。被称为安全玻璃的钢化玻璃，虽然主要成分和普通玻璃一样，但通过化学或物理的钢化方法处理后，抗冲击和抗弯强度达到了普通玻璃的3～5倍，碎片只会呈类似蜂窝状的钝角碎小颗粒，极大地降低了对人体的潜在伤害，保障了高层建筑的安全性。此外，现代建筑中各种新型环保涂料和高分子阻燃材料，也大大提升了房屋的环保性，保障了房屋的消防安全。

二、巧用化学原理，换窗明几净

陶渊明曾在《归园田居》中写道："户庭无尘杂，虚室有余闲。"这是古人对居室之雅的赞美和向往。当今，各种保温、隔热、隔音的新化学材料出现后，房间也更加节能、安静、敞亮。但是，挑战往往与机遇并存，人们同样面临着不容小觑的问题。例如，为使采光充足，现代高楼住房的住户们往往选择大窗户，清洁难题随之而来。化学家们设计出自清洁玻璃，受到人们的广泛喜爱。其基本原理是在玻璃表面涂抹一层特殊的涂料，使得灰尘或者污浊液体难以附着在玻璃表面，比较容易被水冲洗掉，表面也就容易保持清洁。这种自清洁涂料的设计理念来自"荷叶效应"。莲叶具有典型的自清洁现象，仔细观察莲叶就会发现，落在莲叶上的水滴很容易形成水珠滚落并带走灰尘。通过深入分析其原理，是因为叶片表面的多尺度结构和生物蜡的存在，这种特性也被称为"超疏水性能"。另外，还可以通过超亲水的表面实现自清洁。例如，在玻璃上镀或涂一层含纳米二氧化钛（TiO_2）的薄膜，在光照催化下，表面吸附水和氧气，分解产生的羟基自由基和活性氧把表面吸附的有机物降解成二氧化碳和水，同时在涂层上形成亲水性好的羟基，水滴积小成大，在重力的作用下脱落，沾染的污渍就被水冲走了。玻璃材料化学的不断创新，让高层建筑的玻璃清洁工作变得不再棘手。

三、智能化学设计，营建舒适环境

温暖的阳光洒向室内能让人感到温馨舒适，而太强烈的光线会引起眼部的不适感，而且夏天会使屋内过于炎热。对此，人们设想能否通过智能化的设计，让窗户如眼睛般可以感知外界光线的变化，调整对阳光的透过性。近年来，一种被称为变色智能窗的技术广受关注（图 3.6），它是一类由玻璃或透明塑料等基材和调光材料所组成的器件，在一定的物理条件下（如电场、温度或光等），通过改变自身的透明度或颜色，选择性地吸收和反射外界光或热辐射，达到调节光强

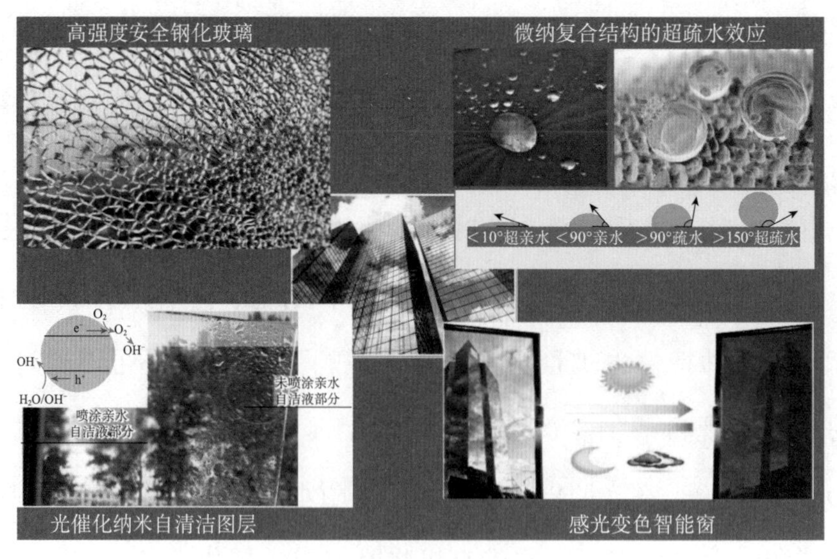

图 3.6 现代建筑中的新型智能玻璃

度或室内温度的目的。要实现这一过程，变色玻璃中的调光材料发挥着重要作用。例如，电致变色玻璃常采用电化学活跃的非晶金属氧化物（WO_3、Nb_2O_5、MoO_3、V_2O_5）薄膜。这种薄膜完全透明，当通电时，材料发生氧化还原反应会变成透光性差的颜色。另外，人们也在设计其他不依靠电的光、热致变色的调光材料，希望为智能窗的应用带来更多的便利。例如，羟丙基甲基纤维素是一种低温下透明、加热条件下变浑浊的热致变色材料，将金纳米粒子添加在其中，强太阳光照射下，金纳米粒子可吸收光线产热，驱动材料热致变色。通过这样的设计，可以实现热时让窗户变暗，到达室内的太阳辐射减少，冷时窗户变回透明，到达室内的太阳辐射增加，让室内始终保持舒适的光线和温度。

第四节　助力日行千里

读万卷书，行万里路。交通工具的进步正在让世界变得越来越小，人们的视野逐渐开阔，有机会去感受不同地域的美丽风光和多元文化。在现代生活中，汽车、飞机、高铁已经随处可见，而且仍在高速发展，这一切都离不开化学的进步。

一、绿色化学提供清洁动力

交通工具行驶的动力主要来源于化学反应——燃料燃烧产生热

量，持续提供驱动力。从蒸汽机到内燃机再到电力机车的发展历史见证了燃料和能源化学的发展。对于更加节能环保的电动汽车，电源蓄电池的充电放电过程也是正负极板氧化 - 还原反应的化学过程。未来，清洁能源电动汽车的发展，也在一定程度上依赖高性能电池化学的突破。例如，2020 年 8 月，通用汽车发布了一款采用 NMCA 镍锰钴铝新配方的 Ultium 电池技术的超级智能驾驶系统，续航有望达到 700 公里。此外，丰田汽车已推出首款氢燃料电池 Mirai，续航里程达到 650 公里。燃料电池的原理十分简单：氢分子进入燃料电池的阳极，与覆盖在阳极上的催化剂反应，释放电子形成带正电荷的 H^+，穿过电解液到达阴极，电子流入电路，形成电流，产生电能；阴极催化剂使 H^+ 与空气中的氧气结合成水（图 3.7）。全程只排放电和水，因此环保性能优越。燃料电池的不断发展，不仅对环境大有裨益，也能有效减缓主流能源的耗竭。

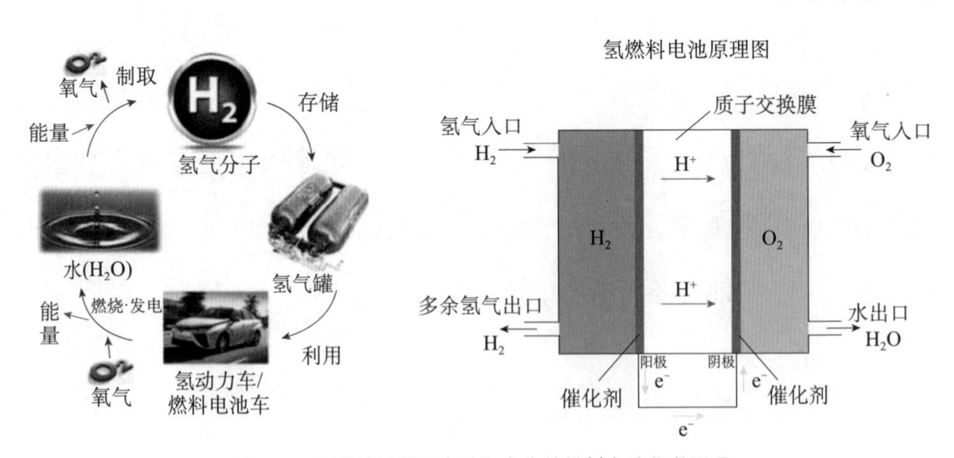

图 3.7　现代清洁能源电动汽车中的燃料电池化学原理

二、功能材料成就舒适出行

近年来，高铁的迅速发展给人们的出行带来了极大的便利，化学材料在其中功不可没。相比普通列车，高铁最吸引人的特点就是快。高铁采用的轨道，是采用混凝土、沥青混合料等整体基础取代散粒碎石道床的轨道结构，又称为无碴轨道。其轨枕本身由混凝土浇灌，水泥枕、铁轨和地基间的连接处再以聚氨酯弹性体填隙、密封，连接稳固，同时还可防震、消噪。聚氨酯是一种全名为聚氨基甲酸酯的高分子化合物，可做成铁轨枕木，防水效果优于木枕，密度只有混凝土轨枕的三分之一，具有卓越的耐久性，可降低周期成本。未来列车进一步提速，它将是取代或部分取代混凝土枕木的重要新材料（图 3.8）。

无砟轨道

$$O{=}C{=}N-C_6H_4-CH_2-C_6H_4-N{=}C{=}O + HO-CH_2-CH_2-OH \longrightarrow \left[-\overset{O}{\overset{\|}{C}}-NH-C_6H_4-CH_2-C_6H_4-NH-\overset{O}{\overset{\|}{C}}-O-CH_2-CH_2-O-\right]_n$$

聚氨酯合成化学反应方程式

发泡聚氨酯枕木

图 3.8　高铁中的化学新材料

此外，许许多多新的化学材料保证了高铁的舒适。例如，具有防爆性能的双层中空平板玻璃“坚不可摧”，可以抵挡时速 355 公里的铝弹撞击，因此人们不用担心高速行驶过程中有小石子飞来，或者两车高速相会时玻璃破碎。同时，这种玻璃解决了光畸变、透光率等方面的问题，让人在高速行驶的列车中眺望远方也不会感到眩晕。其良好的保温隔热及隔音性能，保证了车内环境的安静舒适。不难想象，未来的出行将越来越便捷，而化学材料也将在一次又一次的变革中不断惊艳世界。

第五节 成就绿水青山

2017 年 10 月 18 日，十九大报告中指出，坚持人与自然和谐共生，必须树立和践行绿水青山就是金山银山的理念。传统能源的清洁合理利用、清洁能源的高效利用已经成为践行这个发展理念的有机组成部分。化学的进步也为环境保护做出了巨大的贡献。

一、能源的清洁利用——从“煤”做起

人类的文明史是一部能源利用方式的进化史。化石燃料的使用，极大地促进了人类生活方式的变革和社会的进步。然而，粗放的能源利用方式也对人类的生存环境造成了极大的破坏。煤中含有多种高分子有机物，组成元素主要为碳、氢、氧，其次为氮、硫、磷，它的直

接燃烧是人类长久以来获取能源的主要方式之一。然而，工业革命以来，粗放的利用方式导致大量氮氧化物、硫氧化物及颗粒粉尘等污染物排放，极大地破坏了生态环境。1952 年 12 月的伦敦烟雾事件，就给世界敲响了警钟（图 3.9，伦敦烟雾事件）。半个多世纪以来，化学科学快速发展，化学反应过程和煤清洁利用技术逐渐多样化，其中煤的气化、液化和炼焦技术已经实现工业化生产，为社会发展提供了更多的清洁能源（图 3.9，煤的气化工厂及液化工厂）。

煤的气化通常是指在控制氧气的条件下，将煤或煤焦中的可燃部分转化为可燃性气体的过程。煤或煤焦在气化炉的高温高压环境中发生不完全的氧化反应，得到的气体混合物称为煤气。煤气中富含一氧化碳、氢气、甲烷等清洁能源。煤气作为能源，与煤炭的直接燃烧相比，具有清洁卫生、更加便于存储使用及热能利用率高等显著优点。

直接燃烧产物：氮氧化物、硫氧化物、粉尘等

产品：一氧化碳、氢气、甲烷等清洁能源

产品：汽油、柴油、液化石油气及其他化学品等

国家能源集团
400万吨/年煤间接液化项目

图 3.9　煤的利用途径及对环境的影响

将煤转化为清洁液态燃料的化学过程称为煤的液化。由于煤的碳氢比比石油的碳氢比高得多，煤液化的过程可看作煤的加氢反应过

程。在氢气和催化剂作用下，将煤转变为液体燃料的过程称为直接液化；以煤为原料，先气化制成合成气，后通过催化剂作用将合成气转化成烃类燃料、醇类燃料和化学品的过程称为间接液化。

二、化学与环境治理根脉相连

水是生命之源，保护水资源也就是保护人类的未来。然而，随着人类社会工业化、城市化进程的快速推进，工业污水及生活污水的产生在所难免。日本“水俣病事件”及“痛痛病事件”已经给人类下达了最后通牒：如果人类继续放任污水排放，最终自身的生存也将失去保障。“水俣病事件”及“痛痛病事件”的罪魁祸首，正是随意排放富含汞、镉离子的工业废水。重金属被动植物吸收，而后通过食物链的富集作用，致使人体中毒（图 3.10，“水俣病事件”及“痛痛病事件”）。为从废水中去除重金属离子，化学工作者逐步探索出多种方法，如化学沉淀法、化学凝聚法、离子交换法、电解法等，不胜枚举（图 3.10，污水处理厂图片）。通过净化生活污水、达标排放并循环再

污水直接排放导致自然水体污染

污水处理

污水处理后达标排放

图 3.10　污水的处理及达标排放

利用工业污水等方式，人们正在努力减少水资源的消耗。

艺术家用“没有你我不能呼吸”来描述爱情之美，然而在现实生活中，人们每时每刻离不开的，却是新鲜的空气。伦敦烟雾事件、马斯河谷烟雾事件、洛杉矶光化学烟雾事件、多诺拉烟雾事件等警示人类——废气治理刻不容缓。热电废气是空气中氮氧化物、硫氧化物及粉尘的重要来源，废气治理包括除尘、脱硫及脱硝等步骤，经过省煤器后将多余热量重新吸收。废气进入电除尘器后，在多级阴极电板上沉积，大幅度降低排入大气中的固体颗粒物含量。通过催化剂，在脱硝模块中，废气的氮氧化物与氨气发生化学反应，主要生成氮气和水。热电废气通过除尘、脱硫、脱硝等处理后排放，极大地减少了氮氧化物、硫氧化物及颗粒粉尘的排放量，降低了空气污染物的浓度，类似伦敦烟雾事件、马斯河谷烟雾事件等也就不会再次发生。

第六节　铺就强国之路

一、“两弹一星”中的化学创造

中国的“两弹一星”，是20世纪下半叶中华民族缔造的辉煌伟业，并已熔铸成一种精神，象征着中华民族自力更生、艰苦创业的奋斗精神，蕴含着热爱祖国、无私奉献、大力协同、勇于登攀的精神。这种精神将永远激励人们不畏艰难、奋勇前行，其中的化学创造，也将永远给予人们科学的启迪。

1958年，苏联援建我国的第一个原子反应堆投入运行。原子反应堆需要重水作减速剂，时任天津大学化工系教授的余国琮承担了分离重水的技术攻关。1959年5月28日，周恩来总理来到天津大学视察，特地参观了余国琮分离重水的实验室，他紧握余国琮的手说:“我听说你们在重水研究方面很有成绩，等着你们的消息。现在有人想卡我们的脖子，为了祖国的荣誉，我们一定要生产出自己的重水，要争一口气！”余国琮（图3.11）不负重托，首次提出了浓缩重水的“两塔法”。这是我国唯一的重水自主生产技术，至今仍被沿用。此后，我国重水实现完全自给，助力新中国核技术起步，进而为“两弹一星”做出了贡献。重水在天然水中的浓度约为0.014%，余国琮的试验为提取纯度达99.9%的重水提供了关键设计。他曾深情地说:“我们中国人并不笨，我们能自力创新。我不仅仅要自己去争一口气，更要把‘争一口气’的精神传承下去，让更多的年轻人继续为中国‘争一口气’！”

图3.11　余国琮院士

1960年，苏联中断了对中国研制核武器的技术援助，如何生产足够纯度的浓缩铀235，成为核弹引爆的关键问题。吴征铠院士［图3.12（a）］被调到第二机械工业部和中国科学院原子能研究所，负责用气体扩散法分离铀同位素的研究工作。他提出了具有中国特色的六氟化铀生产工艺路线，负责气体扩散法浓缩铀同位素的核心部件——分离膜的研制，为中国浓缩铀气体扩散厂（即原兰州 504 厂，现为中国核工业集团兰州铀浓缩有限公司）攻克了关键性技术难关。1961 年春，杨承宗 [图 3.12（b）] 奉第二机械工业部命令到国家第二机械部铀研究所任业务副所长，带领该所科技研究人员成功从我国含铀只有万分之几的铀矿石中制备出含杂质不超过万分之几的核纯铀。他们建成了一个铀冶炼实验厂，完成了铀的提取、纯化、转化及分析鉴定过程，并在两年内成功纯化处理了上百吨原料，生产出足量的核纯铀化合物，为我国第一颗原子弹成功试爆做出了卓越贡献 [图 3.12（c），1964 年 10 月 16 日我国第一颗原子弹爆炸成功]。

(a)　　(b)　　(c)

图 3.12　为原子弹加“铀”的科学家吴征铠（a）和杨承宗（b）；中国第一颗原子弹爆炸图片（c）

二、新时代的中国化学制（创）造

2018 年投入使用的港珠澳大桥的单个预制件，最大重量达 3510t

[图 3.13（a），港珠澳大桥]。面对这些千吨级的钢结构、混凝土预制件，施工团队仅凭无数“丝线”便完成了整体调度，创造了世界建筑史之最。建筑港珠澳大桥所用的吊带，由十几万根直径只有 0.5mm 的丝线构成，每根丝线承重力可达 35kg。这些丝线的构成不是简单的钢材和天然纤维，而是超高分子量聚乙烯纤维［图 3.13（b），港珠澳大桥建设中使用的吊带］。超高分子量聚乙烯纤维是目前世界上比强度最高的纤维，与芳纶、碳纤维并称当今世界三大高科技特种纤维，具有高强度、耐冲击、耐切割、耐腐蚀、耐磨、耐紫外线等优点。中国在超高分子量聚乙烯纤维产业化领域无疑是后起之秀。2007 年，国家发展和改革委员会设立高技术纤维专项扶持计划，助推超高分子量聚乙烯纤维扩大生产规模。经过十多年的快速增长，2019 年，我国超高分子量聚乙烯纤维行业总产能约 4.10×10^4 t，占全球总产能的 60% 以上。

(a)

(b)

图 3.13　港珠澳大桥（a）及其预制件吊装（b）

2020 年 11 月 10 日，我国“奋斗者”号全海深载人潜水器顺利下潜至地球海洋最深处，在太平洋马里亚纳海沟成功坐底，深度达 10909m，创造了中国载人深潜的新纪录。“奋斗者”号下潜的马里亚纳海沟 10909m 处，水压超过 110MPa，相当于 1100 多个大气压。为更直观地感受“奋斗者”号在万米深海中承受的压力，可以用在一个大气压下被抽真空的油罐进行类比（图 3.14，一个大气压下的真空油罐与万米深海中的“奋斗者”号）。为完成万米深潜，“奋斗者”号需要可以耐高压的外壳。这个世界最大、搭载人数最多的潜水器的载人舱球壳采用了我国自主研发的 Ti62A 钛合金新材料，通过先进的焊接技术连接打造，抗压能力卓越。中国制造，正在为“可上九天揽月，可下五洋捉鳖”提供更多的可能。

图 3.14　一个大气压下的真空油罐（a）与万米深海中的“奋斗者”号（b）

第四章

分子医学开启健康之美

我们的身体中有几十万亿个细胞，细胞中的分子每时每刻都在发生各种生化反应。正是这些生化反应的正常运行使生命得以顺利延续，但这些反应也会因为各种原因产生错误或遇到阻碍，这是人类病痛与衰亡的主要根源（图 4.1）。因此，人类疾病的本质最终可以从分子的变化或分子间的相互关系中找到答案，战胜疾病的武器同样蕴含

图 4.1　从大千生物世界到人类，生命无一例外地由脂类、糖类、核酸和蛋白类分子等组成

在分子中。分子医学就是从化学的角度、分子的层面重新审视疾病并提出全新诊疗方案的前沿学科。它正在不断地为人类揭示生命之美，开启健康之美。

第一节　分子检查与诊断

基于临床医学检验对疾病进行认识和判断，是现代医学最重要的组成部分之一，经典化学科学在医学检验领域的贡献一直功不可没。例如，利用硫酸钡（钡餐）这一化学物质作为显影剂，可在X光下清晰地观察患者病变的消化道；通过检测血液或尿液中各种酶和抗体的含量，可以判断患者的肝肾功能及感染情况等。然而，在人们对于健康越来越关注的今天，传统的检验方法亟须改进，才能更早期、更快速、更准确地将患者的病情变化信息提供给医生。分子医学针对人体在疾病发展过程中的分子变化，通过对分子本身进行灵敏的检测，或者构建分子级别的工具辅助检测，为医生提供更加准确的信息以判断疾病变化。

一、分子探针与体内成像

人体影像分析是医生直观观察人体，直接“看”到疾病的最重要手段，我们熟悉的X光检查就是19世纪末由德国物理学家、化学家伦琴在发现放射性元素铊（Rg）的基础上发展起来的医学手段。他

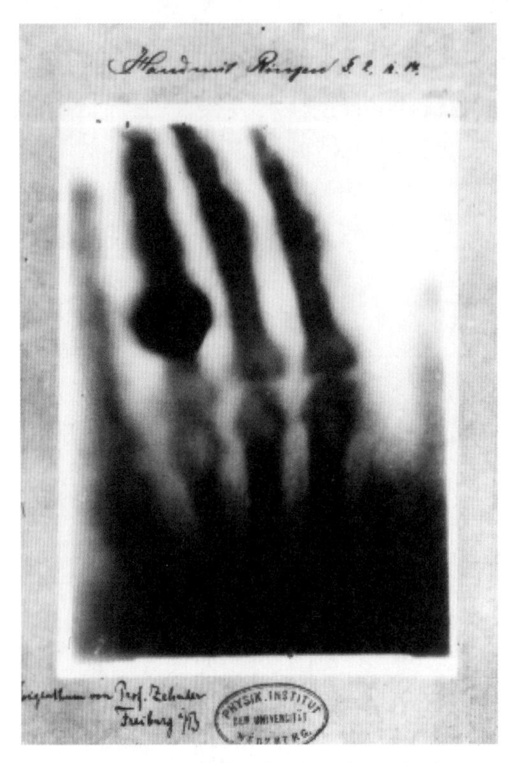

图 4.2　X 光呈现伦琴夫人的手骨及结婚戒指

曾用 X 光技术拍摄自己夫人安娜·路德维希的左手，作为最早的 X 光片，清晰地呈现伦琴夫人的手骨及结婚戒指（图 4.2）。在第一次世界大战中该技术被居里夫人（Marie Curie，1867—1934）等大力推广并造福人类。利用 X 光，人们可以直接看清骨组织和部分脏器的病变情况，如骨折、肺气肿及一些实体肿瘤等。而对于病灶区域衬度不足的器官，医生也可以通过使用诸如“钡餐”等造影剂来提高成像效果，识别胃溃疡等疾病。但是，人们逐渐认识到，X 光的大面积辐射对人体细胞和组织有着巨大的破坏作用，并且它无法通过造影对脏器内部深层次结构的病变以及早期病变实现有效观察。因此，近几十年，新型的成像方式和造影手段不断涌现，其中就包括现今人们熟知的计算机断层扫描（CT）技术。

CT 技术是利用 X 光束在患者身体周围快速旋转产生信号，获得身体的横截面断层图像，并通过多张连续断层照片重构出患者身体的三维图像，将原本 X 光的二维投影变成三维剖视，从而轻松地识别和定位可能的损伤或疾病。利用 CT 技术，可以筛查身体可能出现的肿瘤或其他器质性病变。例如，对头部成像，确定受伤、肿瘤、中风或者出血的部位；对肺部成像，判断炎症、萎缩、钙化、肿瘤等。在 21 世纪人类经历的多次病毒性肺炎疫情中，CT 技术也是诊断肺炎和判断病因不可或缺的手段。

然而，与所有 X 光方法一样，人体中密集的结构（如骨骼、实体器官）很容易成像，但软组织的 X 光成像微弱或难以看见。因此，如何增强 CT 的成像对比度就成为一个科学难题。分子医学在最小尺度的“分子探针”上推动着这一难题的解决，增强 CT 造影剂的发现就是一个范例。20 世纪 50 年代，泛影酸被发现，这是现代造影剂发展史上的第一次飞跃。增强 CT 造影剂的基本结构为三碘苯衍生物，图 4.3 展示了三种常见的 CT 造影剂分子及结构式。因为碘的原子量大，吸收 X 光性能较强，与苯键合后结构很稳定，且苯环结构有多个有效侧链结合点，提供了不断改进分子结构、提高亲水性和降低毒副作用的可能性。增强 CT 能够增加组织对比度，并随着病变强度的变化而

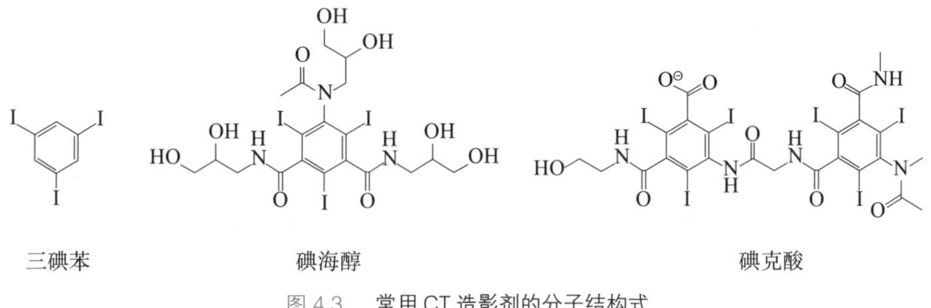

图 4.3　常用 CT 造影剂的分子结构式

改变，可用来准确判断肿瘤的位置及侵犯程度。

针对X光摄影和CT扫描过程中射线对于人体细胞、组织的辐射损伤问题，科学家一直希望研发出一种不会影响人体健康的多功能新型成像技术。20世纪50年代，人类对于核磁共振现象，即含有奇数个核子（包括质子和中子）的原子核在磁场中吸收特定频率射频场能量的现象，有了清晰的认识。因此，化学家利用分子中的氢原子对周围磁场产生的影响，开发出了氢原子核磁共振谱，用于解析分子结构。而医学领域的研究指出，占人体总体重70%的水分子中的氢原子也应该可以产生核磁共振现象，并且通过获取人体中水分子的分布信息可以细致地绘制出人体内部结构。在这样的理论基础上，1969年美国纽约州立大学州南部医学中心的达马迪安（Raymond Damadian，1936—）通过测量小鼠体内水分子核磁共振的弛豫时间，成功地将小鼠体内的癌细胞和正常细胞区分开。1973年，美国化学家保罗·劳特伯（Paul C. Lauterbur，1929—2007）和英国物理学家彼得·曼斯菲尔德（Peter Mansfield，1933—）在荷兰的中心实验室设计组装了最初的磁共振成像（magnetic resonance imaging，MRI）系统，使其可以对充满液体的物体进行成像，并得到了著名的核磁共振图像“诺丁汉的橙子”（图4.4）。

目前，MRI技术成为常规的医学影像手段，广泛用于脑部疾病、脊柱病变及癌症的诊断。磁共振成像扫描人体部位后可以获得一个连续的动画图像，通过对图像进行对比分析就可以确定病灶。由于MRI

成像时间较长且人体内有些局部组织成像对比度较差，因此参考增强CT造影剂，化学家为MRI设计出适用的造影剂。目前临床上常用的MRI造影剂是一种金属元素钆（Gd）与1, 4, 7, 10−四氮杂环十二烷−1, 4, 7, 10−四乙酸（DOTA）的螯合物。钆在室温下作为顺磁部件，对于提高MRI应用中重要的核弛豫率是非常有用的。静脉注射Gd-DOTA造影剂后，Gd剂会积聚在身体的异常组织中，从而正常组织和异常组织之间会产生更好的图像对比度（图4.5）。

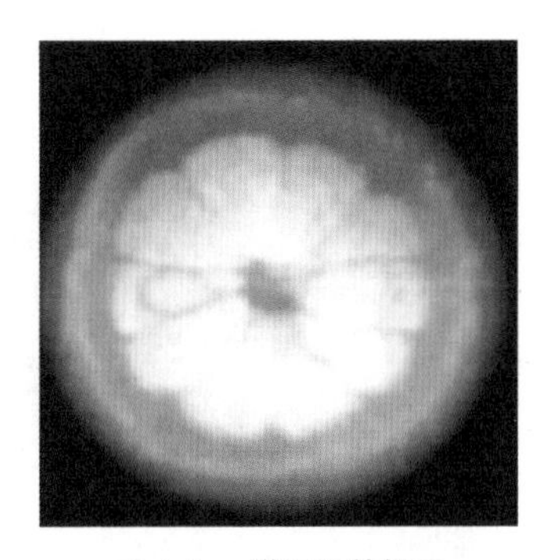

图4.4　诺丁汉的橙子

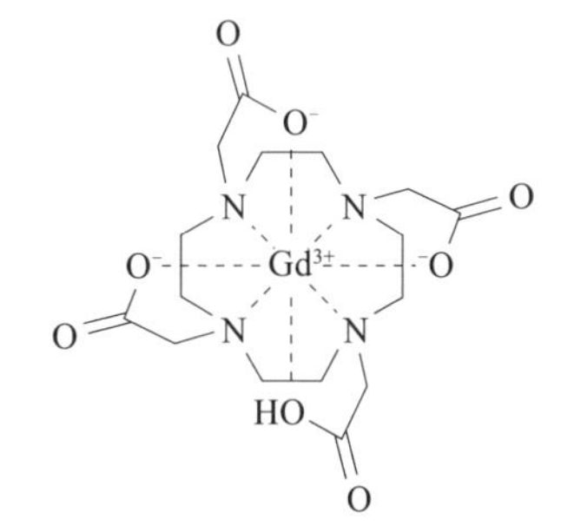

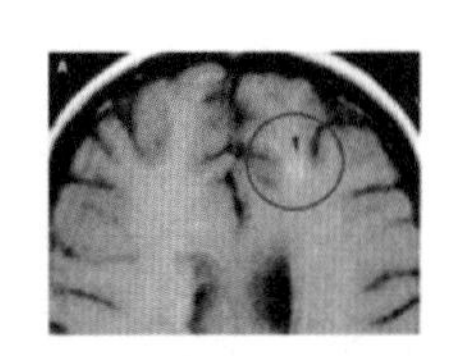

注射对比剂Gd-DOTA后，位变得越发明亮

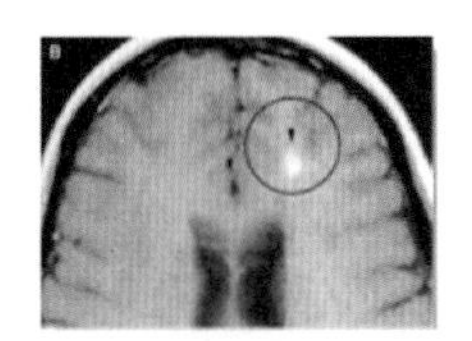

核磁共振成像图上的肿瘤部

图4.5　MRI对比剂Gd−DOTA的结构式及注射Gd−DOTA前后肿瘤部位核磁共振信号对比

但Gd螯合物，如Gd-DOTA，离解后具有一定的毒性。因此，随着研究的进展，超顺磁性的纳米材料也被开发成为MRI造影剂，如超

顺磁性氧化铁粒子、超顺磁性铁铂粒子等，其磁性强、易分离、合成简单，并且在动物体内无毒害，还可以通过调控其尺寸、组成及表面修饰用于不同种类的核磁成像系统，得到了科研工作者的广泛青睐。

尽管X光、CT、MRI已经在临床医学影像上取得了极大的成功，但是这些成像技术获得的都是静态的组织器官形貌，无法显示组织器官的功能变化。因此，如何获得人体内部的多维彩色图像、动态显示器官功能以及细胞水平上的体内代谢活动、确定原发肿瘤的部位及转移分布，成为医学成像领域的又一挑战。由此应运而生了核素示踪技术。基于20世纪30年代正电子的发现和50年代正电子放射性核素被用于判断脑部肿瘤的成功尝试，1976年，第一台商品化的正电子发射断层成像（PET）仪问世。PET属于核医学检查，它首先需要向患者体内注射一种正电子衰变的、与肿瘤组织有特异性亲和能力的药物，这种药物会在肿瘤组织中富集，并释放出高能伽马射线。PET设备通过采集患者体内的伽马射线，通过计算机进行三维重建，就会发现肿瘤生长的位置，并且非常容易发现肿瘤的远处转移。这是PET和其他医学影像设备的根本区别，也是PET迅速被临床医生认可的原因。但是，PET的最大不足就是分辨率比较差。另外，由于药物会特异性地富集在肿瘤组织中，因此非特异性组织和器官显影较差，这也给肿瘤定位带来了困难。但是，CT和MRI有非常高的空间分辨率，可以得到清晰的解剖图像，因此现代医学影像往往把PET和CT或者MRI结合在一起，取长补短，造就了临床影像学皇冠上的两颗明珠：PET-CT

和 PET-MRI。

目前 PET-CT 应用最广泛的药物是 ^{18}F-FDG，即 ^{18}F 标记的葡萄糖（原本葡萄糖六元环上的羟基被氟取代）。众所周知，恶性肿瘤细胞是人体内的“强盗”，它掠夺性地摄取人体内的营养，而葡萄糖是人体细胞（包括肿瘤细胞）能量的主要来源之一，恶性肿瘤摄取的葡萄糖远远高于其他正常组织。基于这一特性，用放射性核素标记的葡萄糖作为显像剂（即 ^{18}F-FDG）注射到人体内，可使其在肿瘤等病变组织中浓聚，在图像中呈现出一个明亮的点，从而提高病灶定位的准确性。PET-CT 显像就好像在坏人身上装了一个 GPS 追踪器，无论他跑到哪里，都可以在茫茫人海中将其成功定位，图 4.6 展示了成功追踪放疗后的口腔癌患者复发的癌症及远端的肝转移。

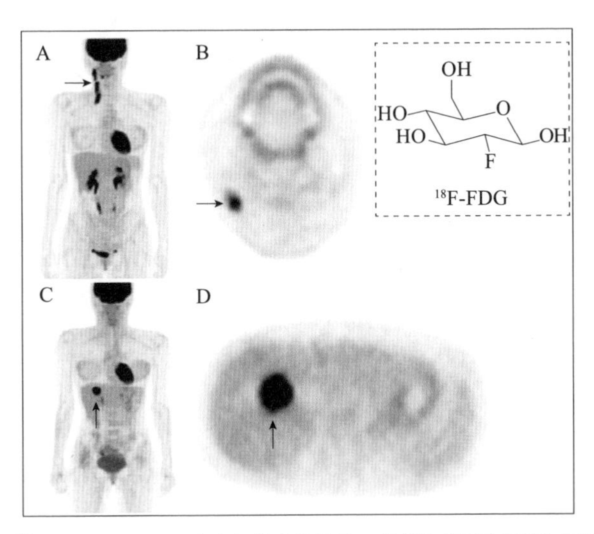

图 4.6　^{18}F-FDG PEG-CT 全身扫描成像显示口咽癌放疗后的复发及远端肝转移

A、B：放疗 3 个月后右颈淋巴结复发；C、D：10 个月后的远端肝转移。内插图为 ^{18}F-FDG 结构式

二、体外检测与基因诊断

除了对人体影像观察的直接手段，医生还会把体液或组织样本拿到体外，通过检测疾病标志物，实现对病情的诊断。体检过程中最常做的血检和尿检已经可以准确显示最基本的健康指标，如血糖、血脂、肝肾代谢功能等。但是，对于一些未知的、特殊的以及尚未发生的疾病的诊断或预测，尤其是对基因的检测与分析，分子医学的方法就显得格外重要。

人类基因组约有32亿个碱基对的核苷酸，包括10万～14万个基因，如果其中任意一个基因发生突变，就可能导致其编码的蛋白结构与功能异常，从而引发一类严重的疾病——遗传病。遗传病主要分为单基因病、多基因病和染色体病三大类。染色体病涉及的基因数目较多，累及多器官、多系统的畸变，所以症状通常十分严重。单基因病主要是指一对等位基因的突变导致的疾病，分别由显性基因和隐性基因突变所致，目前全世界已发现6500余种单基因病。多基因病一般与多个基因相关，由于每个基因的作用微效累加，不同个体涉及的致病基因数目不同，其病情及复发风险也有明显差异。此外，多基因病除了与遗传有关外，与环境因素也有很大关系，故又称多因子病。很多常见病如高血压、先天性心血管疾病、癫痫、哮喘等均为多基因病。

1958年，法国医生勒热纳发现唐氏综合征（俗称先天愚型）患儿为三条21号染色体，这是首次报道的染色体异常遗传病。1978年，卡恩和多齐首次将DNA重组技术应用于镰刀型细胞贫血遗传病的诊断，此后这一诊断技术迅速发展。1990年，美国加州的一对双胞胎姐弟因患多巴反应性肌张力障碍，经常突然出现咳嗽和呼吸困难等症状。Life Technologies公司通过基因测序，发现双胞胎体内的SPR基因出现了突变。随后医生针对发生缺陷的酶用药，双胞胎的咳嗽和呼吸困难症状逐渐消失。这是利用基因检测为儿童遗传病查找病因、对症下药的经典案例之一。

随着分子生物学技术的飞速发展，人类已经能对大多数先天性遗传病进行基因诊断。常用的基因诊断方法有：限制性内切酶分析法、DNA印迹法（Southern印迹法）、限制性片段长度多态性分析、斑点杂交分析法、可变数目的串联重复序列分析法、聚合酶链反应、DNA指纹分析法、变性梯度凝胶电泳分析、单链构象多态性诊断法、DNA测序分析及DNA芯片技术等。

基因诊断不仅可以明确指出个体是否患病，还可以对表型正常的携带者及某种疾病的易感者做出预诊。美国女演员安吉丽娜·朱莉就是通过基因检测得知她携带乳腺癌或卵巢癌易感基因*BRCA1*突变，随后决定进行预防性双侧乳房切除术。安吉丽娜·朱莉事件发生之后，接受基因检测的女性转诊量明显上升，发现携带*BRCA1*的女性的数量也明显增加。这是一个将基因检测向全社会普及的范例。

如今，基因检测技术飞速发展，让我们能够迅速地发现、锁定、挖掘不明原因传染病中的病原体。2019年12月底，在对武汉市金银潭医院不明原因肺炎患者的支气管肺泡灌洗液样本进行泛 β - 冠状病毒实时荧光定量 RT-PCR 检测后，结果显示冠状病毒核酸阳性。利用二代测序 Illumina 和三代测序 Nanopore 技术，中国科学家率先获得并向全世界报道了病毒的全基因组序列。通过生物信息学分析发现新型冠状病毒具有冠状病毒家族的典型特征，属于 β - 冠状病毒。该病毒与蝙蝠携带的 SARS 样冠状病毒 RaTG13 株全基因组同源性达 96%，国际病毒分类委员会冠状病毒研究小组将其正式命名为“SARS-CoV-2”。

SARS-CoV-2 感染机体后复制产生大量的病毒 RNA，这些 RNA 是最先能被检测到的标志物，相比之下，由人体免疫系统产生的抗体（IgM、IgG）会稍滞后于病毒核酸。因此基于核酸的分子生物学检测方法是目前确诊新冠肺炎的“金标准”，具有早期诊断、高灵敏度和高特异性等特点。其主要包括基因测序技术、实时荧光定量 PCR 技术、环介导等温扩增技术、微滴式数字 PCR 技术及 CRISPR 核酸检测技术等。

聚合酶链式反应（polymerase chain reaction，PCR）技术是通过模拟体内 DNA 复制的方式，在体外选择性地将 DNA 某个特殊区域扩增出来的技术。以目标 DNA 分子为模板，通过一对特异性引物，在 DNA 聚合酶的作用下，根据碱基互补配对原则复制成完全相同的两拷贝目标 DNA 分子，如图 4.7 循环 1 所示。得到的产物可作为下一轮扩增的模板，继续与引物结合，最终实现目标 DNA 分子指数扩增。PCR

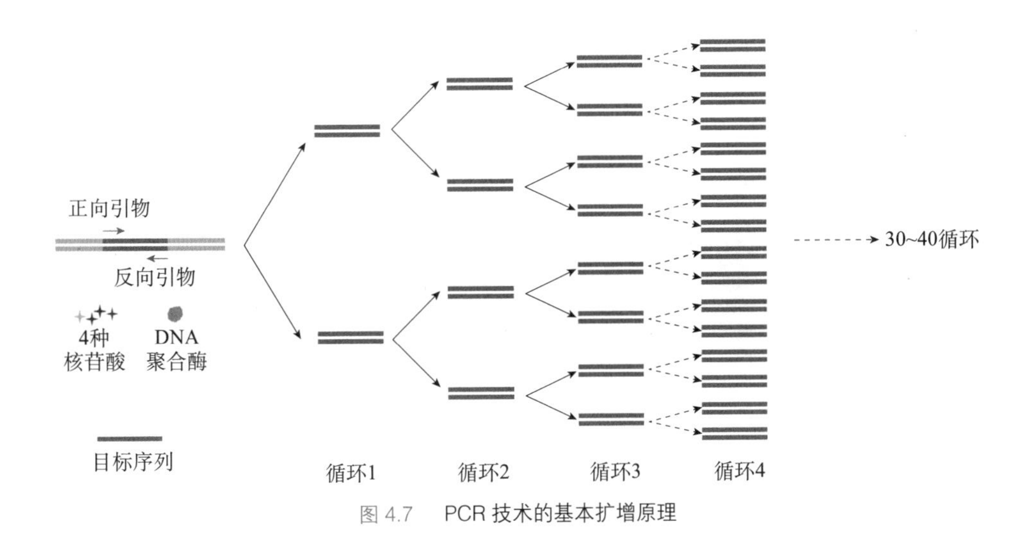

图 4.7　PCR 技术的基本扩增原理

技术可以检测到低于 10^{-15}mol 的核酸分子，具有非常高的检测灵敏度。为了实现精准读取 PCR 的结果，研究人员又进一步发明了实时荧光定量 PCR（real time fluorescent quantitative polymerase chain reaction，RT-qPCR）技术。与普通 PCR 技术相比，它具有污染少、定量准确、实时监测等优点。荧光来自于 PCR 反应过程中加入的荧光示踪物，示踪物主要有两种，一种是指示 DNA 片段扩增过程的荧光染料（SYBR Green 等），另一种是荧光标记的特异性探针（TaqMan 等），其荧光信号的积累与 PCR 产物的浓度相关。在 PCR 过程中，仪器不断记录荧光信号，通过标准曲线法对未知模板进行定量分析。SYBR Green 是一种 DNA 结合染料，能非特异地掺入双链 DNA，它在游离状态下不发出荧光，但一旦结合到双链 DNA 中，便可以发出荧光。它的最大优点是成本低以及与不同体系相容性好，对于可能产生的非特异扩增，可以通过优化引物及反应条件来消除非特异性影响。TaqMan 荧光探针是一条两端分别标记报告荧光基团和猝灭荧光基团的寡核苷酸链。探针完整时，报告基团发射的荧光信号被淬灭基团吸收；PCR 扩增时，Taq 酶的外切酶活性可将探针降解，使报告荧光基团和淬灭荧光基团分离，从而释放荧光信号，即每扩增一条 DNA 链，就产生一个荧光分子。

微滴式数字 PCR（droplet digital PCR，ddPCR）是第三代 PCR 技术，通过在 PCR 扩增前将样品微滴化处理，将反应体系分为数万个纳升级的微滴，并对每个微滴的荧光信号进行逐一检测，从而对核酸分子实现绝对定量。ddPCR 技术灵敏度高、检测下限低至单拷贝且使用灵活、自动化程度高，目前已被用于 SARS-CoV-2 的检测研究中。图 4.8 显示了 PCR 技术的发展历程。

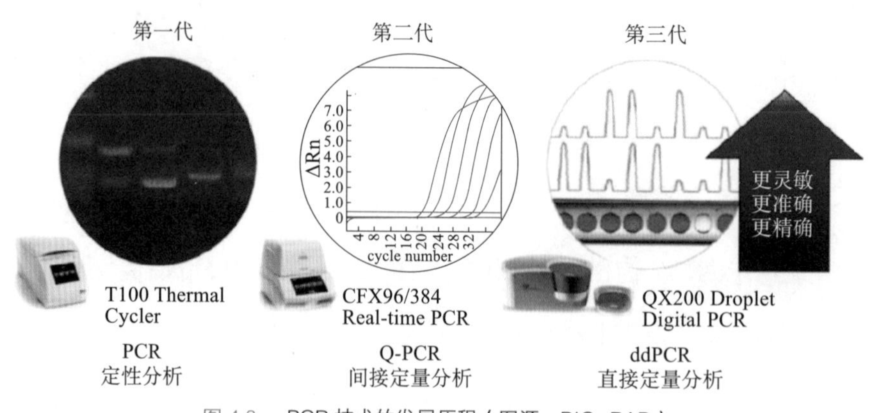

图 4.8　PCR 技术的发展历程（图源：BIO-RAD）

PCR 技术虽已广泛运用于核酸的检测，但其自身也具有一定的局限性，如反应时间较长、需要多次加热冷却循环，因此对设备要求较高，且操作较为复杂。作为一种新型核酸扩增技术，环介导等温扩增（loop-mediated isothermal amplification，LAMP）技术能够实现在等温条件下特异、高效且快速地扩增核酸模板。LAMP 也被认为是能够用作病毒现场检测的一项有前景的技术，有助于便携式现场诊断方法的开发，这对控制新发感染性疾病尤为重要。

规律成簇的间隔短回文重复（clustered regularly interspaced short palindromic repeats，CRISPR）系统是存在于细菌及古生菌中的一种获得性免疫系统，可用于抵抗外来入侵的噬菌体或病毒，其基本原理是利用 Cas 蛋白在向导 RNA 的引导下识别并切割含有前间区序列邻近基序（protospacer adjacent motif，PAM）的靶标 DNA 或 RNA，从而达到保护自身的目的。近年来，多种基于 CRISPR 的核酸检测技术被开发出来，特别是基于 Cas13a 和 Cas12a 的顺式切割和反式切割活性开发出来的 SHERLOCK、HOLMES 和 DETECTR 技术，被誉为“下一代分子诊断技术”。

方法学的进步已经极大地推动了分子诊断技术的发展，但是采用传统宏观尺度的检测平台进行微观分子水平的表征分析往往存在很多弊端，如仪器复杂、操作困难、容易发生交叉污染、稳定性差等。20 世纪 90 年代出现的微流控技术为分子诊断的研究开启了新的大门。微流控芯片可以将复杂的流体操控系统与功能单元模块集成在几平方厘米的芯片上，具有自动化、集成化、微型化等特点。同时，封闭式的微流控芯片可以避免样本的交叉污染，减小生物危害，在分子诊断中的应用有着天然优势。目前，微流控技术已经在 PCR、基因测序应用中飞速发展。

第二节　分子药物与治疗

当科学家和医生对疾病有了越来越清晰的认识时，如何治愈疾病就成了接下来更为关键的问题。药物显然是人类对抗病痛最重要的武器。传说中神农氏尝遍百草的远古时代，东方人为了生存已经发现某些天然物质可以治疗疾病与伤痛，这些实践经验有不少流传至今，如饮酒止痛、大黄导泻、楝实祛虫、柳皮退热等。古籍中记载的药物和方剂也不断被现代科学研究所证实，一些中草药的有效成分和分子结构等已经被全部或部分地研究清楚。例如，麻黄平喘的有效成分是麻黄碱，常山治疟的有效成分是常山碱，黄芩抗菌的主要成分是黄芩素，等等。这些进展使得中医药在化学科学的层面与近代西方科学实现了接轨，也为世界医药宝库做出了重要贡献。

把目光转向西方。17 世纪，英国解剖学家威廉·哈维（William Harvey，1578—1657）发现了血液循环，开创了实验药理学新纪元。18 世纪，意大利生理学家丰塔纳（F. Fontana，1720—1805）通过动物实验对千余种药物进行了毒性测试，得出了天然药物都有其活性成分，选择作用于机体某个部位而引起典型反应的客观结论，并随后被德国化学家赛尔杜纳（Friedrich Sertürner，1783—1841）从罂粟中分离提纯吗啡所证实。18 世纪后期，有机化学的发展为药理学提供了物质基础，人们从植物药中不断提纯出活性成分，得到纯度较高的药物，如依米丁、奎宁、士的宁、可卡因等。德国微生物学家欧里希（Ehrlich Paul，1854—1915）从近千种有机砷化合物中筛选出能有效治疗梅毒的新胂凡纳明。后来药理学飞跃发展，第二次世界大战结束后，出现了许多前所未有的药理新领域及新药，如抗生素、抗癌药、抗精神病药、抗高血压药、抗组胺药、抗肾上腺素药等。

伴随着上述中、西医药物的发展史，人类对于药物的类型以及作用方式逐渐清晰，尤其是在化学科学和分子医学的视角下，药物的发展正在不断翻开新的篇章，为人类健康做出异彩纷呈的贡献。

一、经典化学的医药贡献

传统的化学药品大多属于小分子药物，可以是植物、微生物（真菌）的提取成分，可以是矿物的组成成分，也可以是完全化学合成的产物。它们往往具有清晰的分子组成与结构，其代谢途径、药效及副作用也相对清楚。接下来，通过维生素 C、阿司匹林和青蒿素的三个故事来进一步认识小分子药物。

1. 坏血病与维生素 C 的故事

在大航海时代，人们发现，航海船员等人群在长时间的远航过程中会大量出现倦怠乏力、牙龈出血、皮肤瘀斑、关节肌肉疼痛等症状，严重时会导致死亡并且死亡率很高，这一疾病就是著名的坏血病。

18 世纪中叶，苏格兰海军军医 James Lind 发现柠檬对坏血病有预防作用。1753 年，Lind 发表了自己的实验结果，并提取橘子汁作为治疗坏血病的药物出售。他坚信柑橘类果实中的某些“未知物质”是坏血病的克星，然而经过高温处理和存放后，其效果却大打折扣。1790 年，负责英国海军卫生的 Gilbert Blane 推广 Lind 的方法，强制海军船员吃新鲜的橘子，喝柠檬汁，使得英国海军消除了坏血病。直到 1912 年，果蔬中的这种神秘物质才被英国化学家 Haworth（1883—1950）揭晓，它就是大名鼎鼎的维生素 C。所以，航海船员可以通过吃橘子、柠檬等补充维生素 C 以达到预防坏血病的目的（图 4.9）。到了 1933 年，人们已经找到了维生素 C 的化学合成方法并开始了商业化生产。1937 年，Haworth 因确定维生素 C 的化学结构，并且用不同

图 4.9　航海船员防御坏血病的秘诀在于新鲜蔬果中的维生素 C

的方法实现其合成而获得诺贝尔化学奖；匈牙利的生物化学家 Szent-Györgyi（1893—1986）也因研究维生素 C 参与的重要生理生化反应在同年获得了诺贝尔生理学或医学奖。他们二人把维生素 C 命名为抗坏血酸（ascorbic acid），而坏血病也终于被人类彻底打败。

2. 百年历史的阿司匹林

古苏美尔人在泥板上记载用柳树叶子治疗关节炎；古埃及人将柳树用于消炎镇痛；古希腊医师用柳叶煎茶给妇女服用来减轻分娩的痛苦……人类发现柳树类植物提取物（天然水杨酸）的药用功能可以追溯到公元前 400 年。到 19 世纪，科学家逐步从柳树皮里分离提纯出活性成分水杨酸，并发现其分子结构（图 4.10）。1876 年，《柳叶刀》上发表了首个含有水杨酸盐类的临床研究，该研究发现，水杨苷能缓解风湿患者的发热和关节炎症。1897 年，科学家合成出乙酰水杨酸，它具有之前所有水杨酸盐及其类似物的镇痛效果，同时将副作用降到了最低。1899 年 3 月 6 日，以乙酰水杨酸为主要成分的药物发明专利申

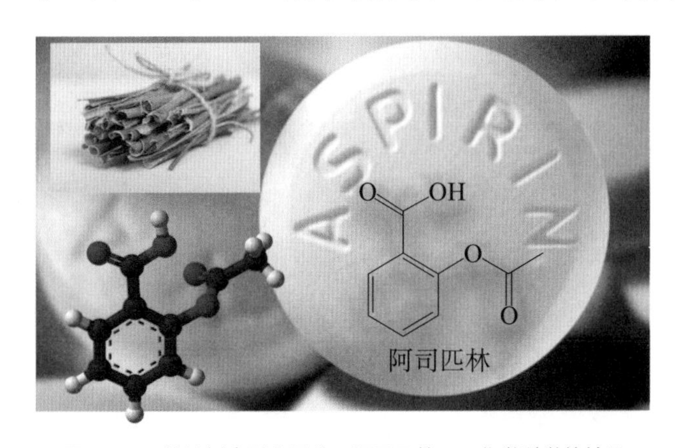

图 4.10　从柳树皮到分子药：阿司匹林——化学科学的结晶

请被通过，临床试验也取得成功，德国拜耳（Bayer）公司正式生产这种药品，取商品名为“Aspirin”，即阿司匹林（图 4.10）。

阿司匹林是在人们用柳树治病的经验基础上，经过几代科学家的共同努力，才诞生并确立其治疗作用的。正如西班牙著名哲学家何塞·奥尔特加·加塞特在他的专著《阿司匹林的时代》中所说：阿司匹林是“文明带给人类的恩惠”。从最初的消炎镇痛，到预防心脑血管疾病，再到其在肿瘤及其他领域中最新的研究进展，阿司匹林展现了多种用途。从 19 世纪末诞生到现在，无论新型药物如何百花齐放、各显神通，阿司匹林这个老牌经典药物在更新换代的大潮中依然能够屹立不倒。

3. 中医药典走出的抗疟灵药青蒿素

疟疾是热带和亚热带地区广泛流行的寄生虫传染病，死亡率高，严重危害人类健康。南美洲的原住民利用金鸡纳树的树皮提取物治疗疟疾，后来经法国化学家分离纯化获得其中的有效成分金鸡纳霜——奎宁。美国化学家在奎宁的基础上进一步开发合成了以氯喹为代表的多种喹啉类抗疟药物。而中国自古有利用青蒿和黄花蒿治疗疟疾的验方。青蒿素便是从中药黄花蒿中提取的高效抗疟药，其退热时间及疟原虫转阴时间都较氯喹短，对于对氯喹有抗药性的疟原虫也有效。从 20 世纪 80 年代中期起，我国相继成功研制出青蒿琥酯、蒿甲醚和双氢青蒿素等三个一类新药，还开展了抗疟复方的研制，研制出了复方双氢青蒿素和复方蒿甲醚。青蒿素是我国首先研制成功的一种抗疟新药，被世界卫生组织评价为治疗恶性疟疾唯一真正有效的药物。我国科学家屠呦呦（图 4.11）也因主持青蒿素提取和药效验证荣获 2015 年的诺贝尔生理与医学奖。

图 4.11　2015 年度诺贝尔生理与医学奖授予研制青蒿素的中国科学家屠呦呦女士

二、分子医学引领医药发展

分子医学作为化学科学的最前沿，从微观的角度审视病症、探索病因，也从分子的水平针对性地设计开发药物和诊疗方案。

1. 基因药

基因治疗以及其他以基因转录和翻译为目标的方法（如干扰 RNA）是疾病治疗的新兴手段，并且伴随着嵌合抗原受体 CAR-T 技术的出现开创了基于细胞和基于基因的医学治疗新时代。基因治疗已被应用于多个疾病治疗领域，尤其是恶性肿瘤和罕见病。全球已有 20 多个基因治疗产品上市，产品类型涉及寡核苷酸类、溶瘤病毒、CAR-T 疗法、干细胞疗法以及其他基于细胞的基因疗法。基于病毒载体的基因治疗产品涉及的疾病领域更加广泛，目前上市产品获批适应证包括头颈癌、家族性脂蛋白脂肪酶缺乏症、遗传性视网膜营养不良以及脊髓性肌萎缩症。

DNA 测序的发展及其大规模应用刺激了“个性化”或“精准”医学的发展。2020 年的诺贝尔化学奖颁发给了两位女性生物化学家以表彰她们在新型基因编辑技术 CRISPR 的研究中做出的贡献（图 4.12）。作为一种高效的原位基因组编辑和调节工具，CRISPR-Cas9 系统可以在各种细胞中（包括人类细胞）进行遗传操作。通过 CRISPR-Cas9 技术对患者的体细胞进行直接编辑，引入校正突变或修饰调节元件，使几乎所有靶点的药物开发都成为可能。通过 CRISPR-Cas9 进行基因敲除已被证明可用于几乎所有的细胞类型，包括诱导多能干细胞

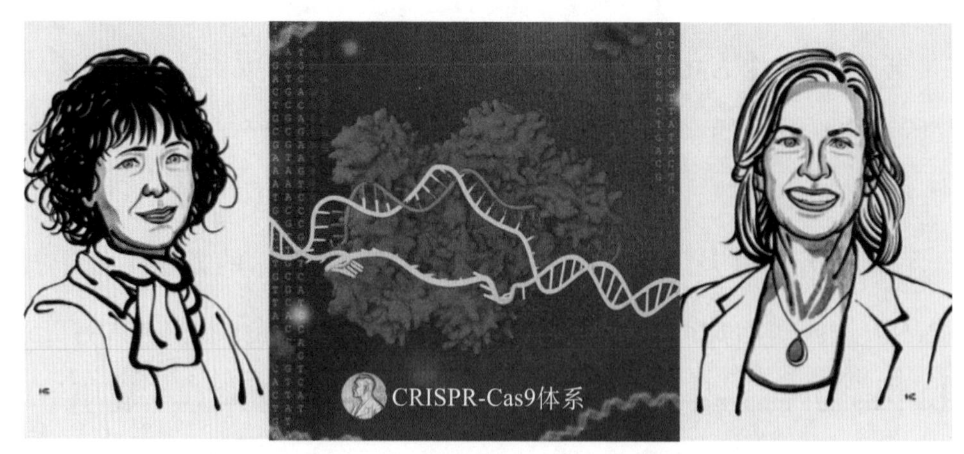

图 4.12　2020 年诺贝尔化学奖授予埃马纽埃尔·卡彭蒂耶和詹妮弗·杜德纳以表彰她们在研究基因编辑的最新工具 CRISPR 系统中的贡献

（iPSCs）、癌症特异性免疫细胞。这种基因敲除允许研究人员在确定的背景下快速确定致癌基因、肿瘤抑制因子和其他因子的致病作用。

2. 抗体药

抗体药是以蛋白质为基础的大分子生物药的代表。抗体也称为免疫球蛋白，是由免疫细胞分泌的抵御外来物质入侵的人体重要屏障。它具有识别抗原的特异性，因而利用抗体诊断与治疗疾病是医药研究者长期以来追求的目标。抗体与靶抗原结合具有高特异性、有效性和安全性，临床上可以用于恶性肿瘤、自身免疫病等各种重大疾病的诊断与治疗。从1975年单克隆抗体技术的诞生到1986年第一个治疗性抗体进入临床，抗体技术特别是治疗性抗体技术发展迅速，目前，美国食品药品监督管理局（FDA）共批准了近百种治疗性抗体药物，其已成为现代生物医药的重要组成部分。黑色素瘤是应用免疫治疗最早且最成熟的恶性肿瘤领域，从早期的干扰素、白介素，到后来的浸润性T淋巴细胞，再到后来的CAR-T、TCR-T，都率先在黑色素瘤治疗中取得了进展。其中以PD-1/PD-L1单抗为代表的免疫检查点抑制剂的成功研发，给黑色素瘤患者带来了一线曙光。目前国内获批用于晚期黑色素瘤治疗的两种PD-1抗体，分别是进口的帕博利珠单抗和国产的特瑞普利单抗，它们均展示出了较好的疗效，实现了治疗的重大突破。

3. 适体——全新的分子药物概念

在提出精准医学和个体化医疗概念的大背景下，理解疾病的分子基础并将这些信息转化为诊断和治疗策略显得尤为重要。然而，由于缺乏分子工具来鉴定和表征疾病状态的特异的分子特征，因此，限制了肿瘤等疾病的诊断和治疗。长期以来，提及核酸分子，人们首先想到的是其作为遗传信息的载体分子的功能。然而，1990 年，L. Gold 实验室和 Jack W. Szostak 实验室先后发现了一些 RNA 分子能特异性识别蛋白质或者有机小分子，并首先使用了“SELEX”（配体通过指数富集系统地进化，一种通过核酸和靶标相互作用后富集对高特异性识别靶标的序列进行筛选的方法）术语以及命名“aptamer”（适体）；1992 年，Szostak 实验室和 Gilead Sciences 公司分别筛选出能够特异性识别靶标分子的 DNA 片段。对于此重要发现，Gold 实验室早在发表的研究论文中便称“针对任何靶分子可以尝试开发高亲和力的适体”。早期开发的核酸适体分子识别的靶标主要为小分子或者蛋白质分子，无法实现活细胞层面上筛选出可特异性识别某类细胞的核酸适体。针对这个挑战，谭蔚泓实验室开发了基于活细胞的核酸适体筛选方法 cell-SELEX，用于筛选可特异性识别肿瘤细胞的核酸适体（图 4.13）。在无须了解细胞表面蛋白种类的情况下，科研人员可以通过筛选出的核酸适体准确地识别肿瘤细胞，并进一步发现肿瘤细胞上高表达的标志物，极大地扩展了核酸适体的应用范围。

核酸适体依据功能通常分为三个区域：必需核苷酸区域、支持核苷酸区域和非必需核苷酸区域。支持核苷酸区域通过分子内碱基配对形成茎来稳定适体的二级结构，而必需核苷酸区域中的碱基直接影响

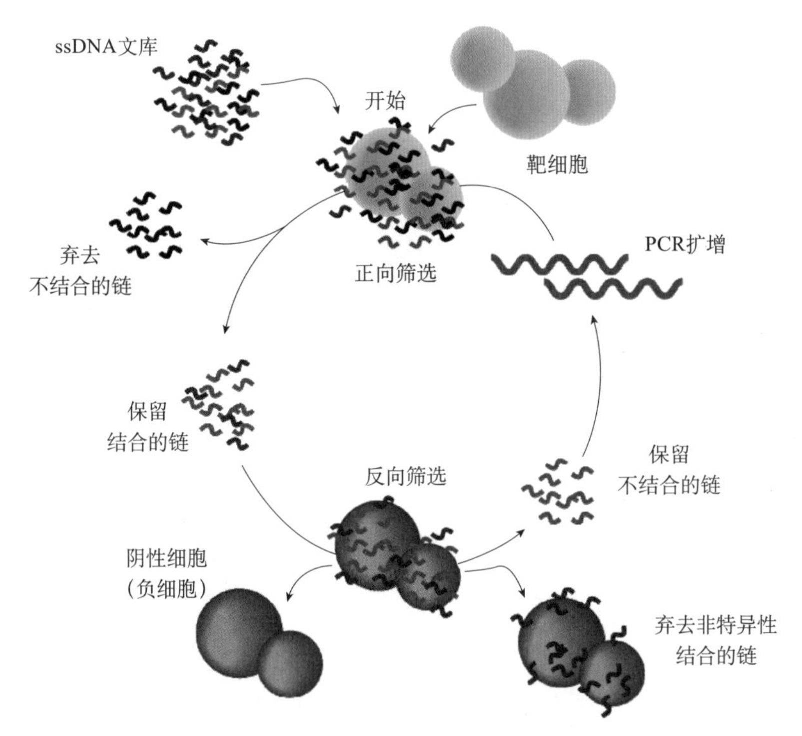

图 4.13　基于活细胞的核酸适体筛选方法示意图

着适体与靶标的结合能力。由于适合的大小、与靶标结合位点恰到好处的分子间相互作用，核酸适体被赋予了特异性识别靶标的能力。倘若识别位点恰好位于细胞信号通路中某一环节的某一关键物质的活性位点，核酸适体就能起到影响细胞生命活动的作用。

2004 年，第一个核酸适体药哌加他尼钠（pegaptanib sodium）被 FDA 批准，用于治疗新生血管性年龄相关性黄斑变性（AMD），缓解由异常血管生成引起的视敏度下降。哌加他尼钠是一种由 28 个碱基核糖核酸适体共价连接到两个分子质量为 20 kDa 的聚乙二醇部分组成的核酸适体药，能特异性结合选择性血管内皮生长因子（VEGF）特别是 165 个氨基酸的同工型（$VEGF_{165}$），并阻断其与细胞膜上的受体结合，从而抑制新血管生成（图 4.14）。临床试验结果显示，在接受哌加他尼钠治疗的患者中，保持或重新获得视力的患者比例有了明显提升。

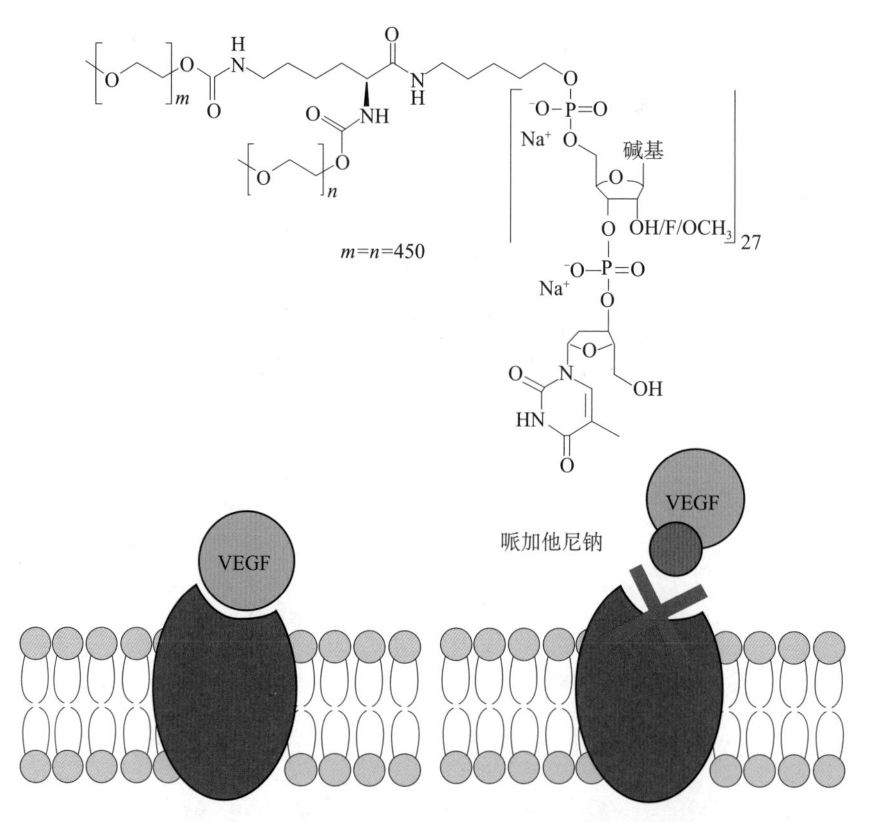

图 4.14　第一个核酸适体药物哌加他尼钠的结构式及作用机理

核酸适体药物的另一个潜力巨大的应用场合是肿瘤的靶向治疗。由前所述，核酸适体可以高特异性地区分不同的细胞和组织，因此，通过将核酸适体与药物相连接的方法，可以实现定点的药物递送，实现疾病的靶向治疗。基于核酸适体的药物递送系统通常包含三个部分：用于识别靶标的核酸适体、连接核酸适体和药物的连接子以及治疗药物（图 4.15）。通过共价结合连接药物的方法已被广泛研究，为此已经开发了多种响应性的连接子，包括酶响应、pH 响应以及温度依赖响应等。例如，谭蔚泓实验室以酰胺键来连接核酸适体 Sgc8 和阿霉素（Dox），这种核酸适体 - 药物偶联物（ApDC）可以选择性靶向肿瘤细胞上的酪氨酸激酶 7（PTK7）。同时，该酰胺键可以在酸性环境下（如内体或溶酶体）断裂，从而精确地释放阿霉素以抑制细胞增殖。

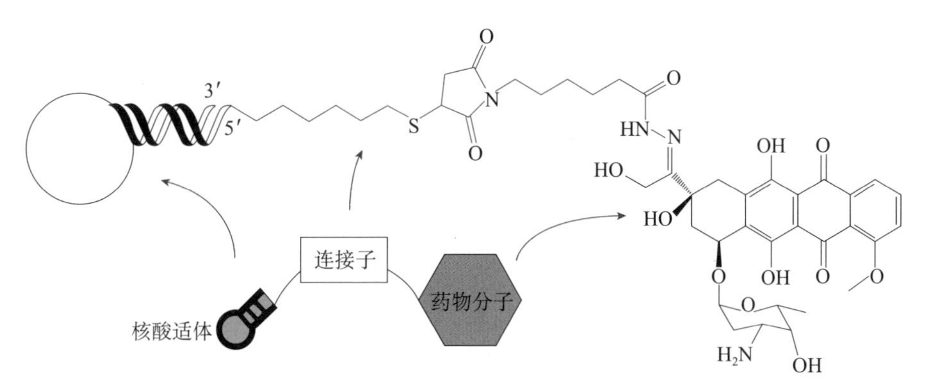

图 4.15 核酸适体 – 药物偶联物的基本结构

与抗体 - 药物偶联物相比，核酸适体 - 药物偶联物可以通过化学合成的方法获得，而且具有更经济、更简单的生产方法。此外，合成方法可以精确控制一个核酸适体 - 药物偶联物中连接的药物分子的数量，可以实现精准的药物质量控制。因此，核酸适体 - 药物偶联物在肿瘤的靶向治疗方面同样有着巨大的应用前景。

总之，核酸适体代表了一类新颖有趣的分子药物。其分子大小、复杂性和合成难易程度与传统有机药物或蛋白质药物相比具有显著的差异特征。核酸适体实现了与治疗性抗体相同的亲和力和特异性，避免了蛋白质药物的免疫原性问题，同时使用高通量筛选方法可以有效地筛选出一系列靶标。核酸适体药物的研究和试验仍在摸索中前行，期待在不久的将来这种全新的分子药物能在人类与疾病的抗争史上写下极具特色的一笔。

4. 新材料药

随着有机化学、化学生物学、合成生物学及分子医学的理论发展以及各类交叉学科的技术突破，一系列以新材料为基础的疾病治疗方法崭露头角，高分子载药材料、DNA 纳米机器人、组织 3D 打印技术等为人类健康的维护展现了全新的前景。高分子材料因其分子量大不易被分解，可以大大延长在生物体内的停留时间；团簇、胶束或凝胶状的高分子材料由于其内部疏松的广阔空间，可以广泛携载小分子的药物并在生物体内缓慢释放，体现出长效、缓释、低毒等优点。很多高分子材料基于自身的分子特性还具备了对外界多种信号刺激的响应能力，这些信号包括温度、酸碱度、光、压力、电磁场以及某些特定的生化分子等，因此可以在特定环境中或信号刺激下开启药物释放，体现出一定的“智能”。以智能水凝胶为代表的一系列载药体系已经广泛应用于生物传感器、组织工程和再生医学等多个生物领域。

DNA 纳米技术提供了构建复杂结构并精确控制纳米特性的平台。经过精确设计并合成的 DNA 纳米结构，可以作为模板进一步指导其他生物大分子（如各类蛋白酶、RNA、磷脂分子等）或纳米材料（如金属纳米粒子、碳纳米管、量子点等）的定量定位组装，形成复合纳米材料，并作为工具实现应用。DNA纳米材料具有良好的生物相容性，具备向人类疾病进军的巨大潜力。人们已经利用该技术制备了可用于药物递送的盒子状或管状的“纳米机器人”，它们将药物分子包裹在结构内部空间，在盒盖和管隙上安装独特的分子“锁”，只有对应的分子“钥匙”才能将其打开。当我们把“钥匙”根据特定需求设计为肿瘤微环境下的各种特异性的信号，机器人就会在运行到肿瘤细胞附近时开启工作模式，释放出内部携带的药物分子并杀伤肿瘤，从而实现精准靶向的药物投递（图4.16）。

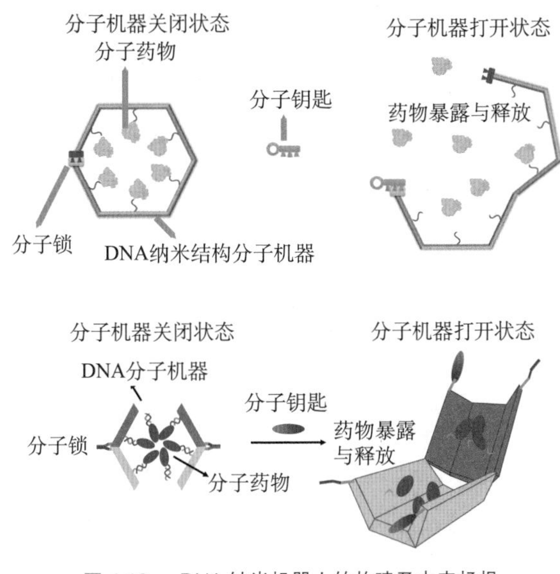

图4.16　DNA纳米机器人的构建及未来畅想

在狭义的药的范畴之外，人类健康还可以从更多的层面得到支持与维护。作为人类物质构造的新宠，3D 打印技术携手分子医学便可以将生物相容性材料打印成仿骨组织、仿皮肤组织、软组织支架和血管支架等。利用前文所述的水凝胶作为打印材料并包载活细胞，可以构建器官或器官原型，并广泛应用于组织修复、组织发育机制及药物筛选等场合。

健康是关系到每个人的永恒话题，拥有健康之美是人类的集体追求。19 世纪初，人类的平均寿命仅有 37 岁，而伴随着工业革命的深入，科学技术的蓬勃发展，从 19 世纪中叶开始，人类平均寿命直线提升，到 1985 年人类的平均寿命达到 62 岁，并以约每五年增加一岁的速度继续提升。这一巨大变化的背后有着生物医学的发展，有着公共卫生的进步，更有着临床检验检疫体系的全面提升和诸多药物的贡献，化学科学在上述每个方面都起到过关键作用。随着饥饿、创伤、感染等基础的人类健康问题得到有效解决，科学家将目光更多地转向重大慢性、恶性、个性的疾病治疗中，并不断深入地从分子水平理解疾病的形成和发展机制，从分子角度开发疾病的精准诊断方法和高效治疗药物。

2020 年暴发的新型冠状病毒肺炎疫情对全世界造成了前所未有的巨大破坏，而分子医学在抗击新冠疫情战役中贡献了快速准确的核酸检测和抗体检测方法，贡献了全新的 mRNA 疫苗，为人类积累了最前沿的宝贵经验。这一历史性的事件警示着人类：大自然中仍然存在着未知的对于生存和健康的威胁，而人类作为命运共同体，仍需勠力同心，相信科学并利用科学来应对每一次危机。

现代科技日新月异，各个学科之间的鸿沟也在不断被弥合。分子医学作为化学科学向医学领域进军的重要力量，正在欣欣向荣地发展。与此同时，化学生物学从化学的角度研究和模拟生命现象与过程；合成生物学从分子水平试图装配起细胞乃至组织层级的生命单元；材料科学与纳米科学不断为其他学科提供全新的工具与方法；信息科学和人工智能的进步更是让“规律”在浩如烟海的数据中无所遁形。这些前沿学科将共同助力分子医学更快捷、更准确地获取疾病信息，更全面、更可靠地进行疾病诊断，更个性化、更智能化地实现药物和治疗方案设计，更精准、更有效地治愈疾病。

中华民族自古就有对平安健康的追求和对延年益寿的期盼。2016年，国家更是提出《“健康中国 2030”规划纲要》，计划用 15 年时间全方位提高全民健康水平（图 4.17）。以分子医学为代表的科技力量定将在达成这一使命的道路上作出重大贡献，成为人类健康事业发展的新契机。

分子医学助力健康中国 2030

图 4.17　分子医学将持续助力健康中国的长远规划